新技术时代

JI XIE SHI TU

机械识图

倪国栋 ◉ 主编

上海科学技术文献出版社

图书在版编目（CIP）数据

机械识图 / 倪国栋主编 . —上海：上海科学技术文献出版社，2013.1
ISBN 978-7-5439-5593-6

Ⅰ . ①机… Ⅱ . ①倪… Ⅲ . ①机械图—识别 Ⅳ . ① TH126.1

中国版本图书馆 CIP 数据核字（2012）第 265907 号

责任编辑：祝静怡　夏　璐
封面设计：汪　彦

机 械 识 图

倪国栋　主编

*

上海科学技术文献出版社出版发行

（上海市长乐路 746 号　邮政编码 200040）

全国新华书店经销

上海市崇明县裕安印刷厂印刷

*

开本 850×1168　1/32　印张 7.125　字数 191 000

2013 年 1 月第 1 版　2013 年 1 月第 1 次印刷

ISBN 978-7-5439-5593-6

定价：18.00 元

http://www.sstlp.com

内容提要

本书围绕如何识读零件图和装配图这个主题,介绍了正投影及其投影特性规律,视图、剖视图、断面图,公差配合,形位公差,表面粗糙度,常用件与标准件的规定画法、简化画法、零件和装配体的表达方式,并列举了大量示例介绍识读零件图和装配图的方法与步骤。

本书可作为机械加工第一线的生产工人阅读和培训教材,也可作为有关技术学校师生的教学参考书。

前言

随着现代科学技术的迅猛发展和市场竞争的日趋激烈，对产品质量和生产效率提出了更高的要求。身处机械工业加工第一线的技术工人，尽快熟练地识读机械图样、按图生产出又好又多的产品，成了他们必须掌握的基本技能。在机械行业从业人员中，一线工人占了很大的比例，其中有不少的新进工人。对这些人员进行相应的培训，提高他们识读机械图样的能力，这在一定程度上影响产品加工质量的提高和制造水平的提升。为此，为帮助刚参加工作的机械工人在较短时间内，快速掌握识读零件图和装配图，是编写本书的出发点和宗旨。

本书有以下几方面的特点：

1. 本书采用新颁布的《技术制图》和《机械制图》国家标准（GB/T）来规范图样，达到绘制图样和识读图样的一致性。

2. 在内容上以识读图样为主，并介绍与图样紧密的和必不可少的相关知识，编写上由浅入深、循序渐进，文字通俗易懂。

3. 本书贯穿"由物到图、由图到物"的认识图样的过程，增加了不少立体图，列举了较多的图样示例，用来说明识读图样的方法和步骤。

4. 本书各章，章前有内容要点，章后有小结和注意事项，编写了适量的复习思考题，以此来巩固、深化和掌握识读图样的知识。本书最后列出每题参考答案。

　　限于编者水平,书中难免存在不当和不足之处,恳请广大读者批评指正,以求再版时更正和补充。

编　者

MU LU

目录

第1章 机械识图基础知识

1. 图样的组成、识读图样的一般规定、正投影及组合体三视图的识读等一些基础知识作了相关知识介绍。

2. 线、面投影的特性,以及线、面在三面投影体系中处于特殊位置时的投影特性。

3. 识读组合体三视图的方法、物体表面交线的形成和识读以及通过补视图、补缺线进一步深入看视图想物体,逐步完成由物到图、由图到物的识读过程。

无论哪一种机器设备均由若干个部件装配而成,而每一个部件又由许多零件组装而成。那么部件和零件都必须反映在图样上,而图样又必须遵循一个统一的标准即新国家标准(简称新国标,代号GB/T)来绘制,用于指导生产、装配、使用、维修和进行技术交流。因此,图样是工程上的一种"语言",是机器设备的一项极其重要的技术资料。

常用的机器图样有两种:零件图和装配图。

1. 零件图是表达单个零件的结构、形状、大小和技术要求的图样,它是指导零件加工、检验的主要技术文件。

2. 装配图是表达部件与部件、零件与零件之间的联接方式,装配关系和主要零件基本结构以及技术要求的图样。它是指导装配、使用、调试和维修的主要技术文件。

对于第一线机械生产工人来说,能够正确识读零件图和装配图并从中了解所加工的零、部件在机器设备中的地位和作用是十分必须的,极其重要的。

一、识读机械图样的基本知识

以零件图为例。图1-1为零件的立体图,仅用一个图形就能表达出它的前面、左面和顶面的大致形状,所以它富有立体感,给人以直观印象。但是与零件的真实形状相比,它有些变形。例如:零件上的圆孔(图1-1A处),在立体图上画成了椭圆形孔;零件上的矩形表面(图1-1B处),在立体图上画成了平行四边形。因此,它不能真实表达零件,尤其结构形状更为复杂的零件,既难画又不能全面反映结构形状,所以立体图一般不能直接用于机械加工。用于指导机械加工的图样称为零件图,它是用一组平面图形来表达物体的形状。图1-2是一张在生产中应用的零件图。那么要识读并看懂机械图样,就必须具备以下基本知识:

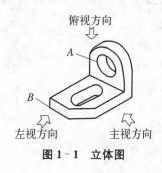

图1-1 立体图

1. 正投影基本原理和物体三视图及其投影规律;

2. 必须了解并掌握"国家标准"对零、部件的表达方法和各种规定;

3. 了解并熟悉图样中有关公差与配合、形状和位置公差、表面粗糙度以及常用材料及其表面处理等一般知识;

4. 了解零、部件的加工制造和装配工艺知识。

在学习识读机械图样的过程中,应将所学知识运用于生产实践,平时多观察零、部件实物,并与图样进行对照分析,不断地反复"由物到图、由图到物"这一过程,建立空间立体概念,才会逐步掌握识读图样的基本技能,就会不断熟悉零、部件结构和加工方法,这对

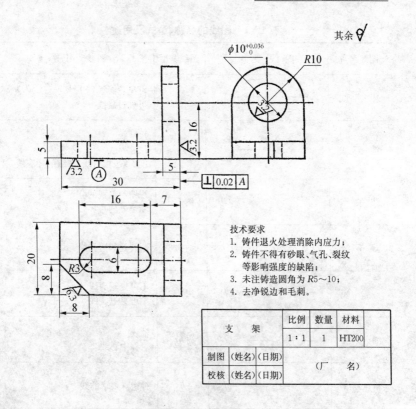

图 1-2 零件图

提高识读图样的能力会有很大帮助,也才能按图样生产,生产出合格的产品。

二、"国家标准"对图样的一般规定

1. 图线

根据机械制图(图线)国家标准(GB/T 4457.4—2002)规定,绘制图样的常用图线的名称、型式及用途见表 1-1。图线的宽度只有粗、细两种,粗线的宽度为 b(约为 0.4~1.2 mm,在图小、线密时线宽应小),细线的宽度约为 $b/3$,除粗实线和粗点划线外,其余线型均为细线。

表1-1 图线的名称、型式及用途

图线名称	图线型式	图线宽度	图线用途
粗实线	——————— A	b	可见轮廓线 可见过渡线
细实线	——————— B	约b/3	尺寸线 尺寸界线 剖面线、指引线、螺纹的牙底线
波浪线	～～～～ C	约b/3	视图与剖视的分界线 断裂处的边界线
双折线	─┐└┐└─ D	约b/3	断裂处的边界线
虚线	－ － － － F	约b/3	不可见轮廓线 不可见过渡线
细点划线	—·—·—·— G	约b/3	轴线 对称中心线
粗点划线	——·——·—— J	b	有特殊要求的线
双点划线	—··—··— K	约b/3	假想投影轮廓线 极限位置的轮廓线

2. 图纸

图纸基本幅面是根据技术制图(图纸幅面和格式)的国家标准(GB/T 14689—1993)规定的,绘制图样时优先采用代号为 $A0$、$A1$、$A2$、$A3$、$A4$ 的五种基本幅面,其尺寸见表 $1-2$。在五种基本幅面中,各相邻幅面的面积大小均相差一倍,如 $A0$ 为 $A1$ 幅面的两倍、$A1$ 又为 $A2$ 幅面的两倍,以此类推。幅面尺寸中,B 表示短边,L 表示长边,对各种幅面的 B 和 L 均保持一常数关系,即 $L = \sqrt{2}B$。

表 1-2 图纸幅面代号及尺寸 （mm）

幅面代号	A0	A1	A2	A3	A4
$B×L$	841×1 189	594×841	420×594	297×420	210×297
e	20			10	
c	10			5	
a	25				

图 1-3 所示为图框格式。图框线用粗实线绘制,表示图幅大小的纸边界线用细实线绘制。图框线与纸边界线之间的区域称为周边,各周边的具体尺寸与图纸幅面大小有关,见表 1-2。

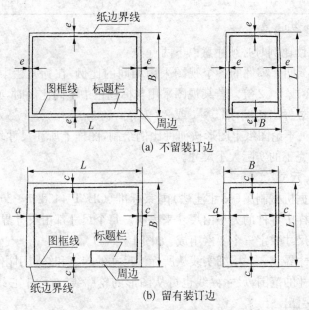

(a) 不留装订边

(b) 留有装订边

图 1-3 图框格式

3. 比例

根据技术制图(比例)国家标准(GB/T 14690—1993)规定机械图样通常是按一定比例来绘制的。所谓比例,是指图形与其实物相应要素的线性尺寸之比。比值为1的比例为原值比例,即1∶1,则图形与实物一样大小。比值大于1的比例为放大比例,如2∶1,5∶1等,比值小于1的比例为缩小比例,如1∶2,1∶5等。绘制图样时一般应在表1-3中规定的系列内选取适当的比例。

表1-3 比例系列

种　类	比　　　　例		
原值比例	1∶1		
放大比例	5∶1 $5 \times 10^n \colon 1$	2∶1 $2 \times 10^n \colon 1$	$1 \times 10^n \colon 1$
缩小比例	1∶2 $1 \colon 2 \times 10^n$	1∶5 $1 \colon 5 \times 10^n$	1∶10 $1 \colon 1 \times 10^n$

注:n 为正整数。

识读比例时必须注意以下两点:

(1) 同一零件的各个视图采用相同的比例,在标题栏中填写,如1∶1或1∶2等。若某视图采用与标题栏中不同比例时,必须在该视图处标出比例,如5∶1或2∶1等。

(2) 不论图纸上图形按何种比例绘制,图样上所注尺寸均为零件最后完工的实际大小尺寸。

4. 尺寸

根据机械制图(尺寸注法)国家标准(GB/T 4458.1—2003)规定了图样中零件的大小由尺寸来表明。每个尺寸都由尺寸界线、尺寸线和尺寸数字三个要素组成,如图1-4(a)。

尺寸界线——用细实线从所标注尺寸的起点和终点引出,表示这个尺寸的范围,尺寸界线也可从图形的轮廓线、对称中心线或轴线等处引出。

尺寸线——尺寸线用细实线绘制,尺寸线的终端可用箭头指向尺寸界线,也允许用倾斜45°的细实线来代替箭头。

尺寸数字——一般注写在尺寸线的上方或中断处。常见的各种尺寸标注方法如图1-4(b)。

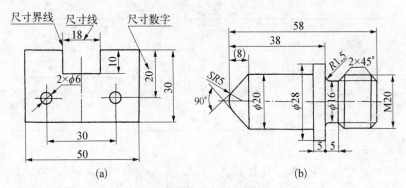

图 1-4 尺寸标注

识读尺寸时应注意以下几点：

(1) 零件的真实大小以图样上所注尺寸的数值为依据，与图形的大小、比例及绘图的准确性无关。

(2) 图样中的尺寸数字通常以 mm 为单位，一律不注出。若采用其他计量单位，必须注明 cm、m 或 30°等。

(3) 水平方向的尺寸数字字头向上，垂直方向的尺寸数字注在尺寸线左侧，字头朝左。角度的尺寸数字一律注成水平方向。

(4) 不同形状的形体，在其尺寸数字中加注规定符号，见表 1-4，以便识读。

表 1-4　标注尺寸的符号

符　号	含　义	符　号	含　义
ϕ	直径	EQS	均布
R	半径	C	45°倒角
$S\phi$	球直径	□	正方形
SR	球半径	↓	深度
t	厚度	⌴	沉孔或锪平

符　号	含　义	符　号	含　义
⌒	弧长	◁	锥度
∠	斜度	◯⟩	展开长
⌄	埋头孔		

5. 字体

根据技术制图(字体)国家标准(GB/T 14691—1993),规定图样上的字体统一、清晰准确、书写方便,必须做到:字体工整、笔画清楚、间隔均匀、排列整齐。在图样中出现的字体有汉字、数字和字母等几种。

(1)汉字　汉字写成长仿宋体字,并采用国家正式公布推行的简化字。

(2)数字　图样中数字有两种:

1)阿拉伯数字——主要用在图样中标注尺寸数值,要求其字形能明显区分、容易辨认。

2)罗马数字——主要用在图样中局部放大图和其他标注。

(3)字母　图样上字母也有两种:

1)拉丁字母——用于图样中表示投射方向、剖切位置、基准和公差配合等。

2)希腊字母——在图样中用于参数表和代表角度参数。

上述字体的示例见表1-5。

表1-5　字体示例

汉　字		字体端正笔画清楚排列整齐间隔均匀
数字	阿拉伯数字	0123456789
	罗马数字	ⅠⅡⅢⅣⅤⅥⅦⅧⅨⅩ

（续　表）

| 字 | 拉丁字母 | *ABCDEFGHIJKLMN*
 abcdefghijklmn |
| 母 | 希腊字母 | α β γ δ ε θ λ φ ψ π τ |

6. 标题栏

根据技术制图（标题栏）国家标准（GB/T 10609.1—1989）的规定,标题栏应位于图纸右下角,标题栏的底边与下图框线重合,标题栏右边与右图框线重合。零件图的标题栏应包含零件名称、公司（厂）名、比例、数量、材料以及设计审核等。如图1-2所示。

关于图样中国家标准对视图、公差配合、形位公差和表面粗糙度的规定和识读在后面逐一介绍。

三、正投影及其基本特性

1. 正投影

根据技术制图（投影法）国家标准（GB/T 14692—1993）规定技术图样用正投影法绘制。所谓正投影法即将物体置于观察者和投影面之间,用互相平行并垂直于投影面的投射线进行投影的方法,称为正投影法,所得到的投影称正投影,简称投影。如图 1-5,观察者在上方,投影面在下方,ABC 为物体,S 为投射线,abc 为投射后所得到的投影。由于用正投影法所得到的投影（图形）较为简单且易反映物体表面的形状,所以在图样中一般采用正投影法绘图,它是我们主要学习的一种投影方法。

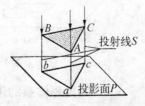

图 1-5　正投影法

2. 正投影基本特性

物体上有许多面和线,物体的投影就是这些面和线的投影组合,因此,只要弄清楚这些线和面的投影特性,就不难识读物体的投影。

(1) 直线的投影特性　如图1-6为直线的投影,分为三种不同的位置,即平行、垂直和倾斜。与投影面平行的直线,其投影反映实长如图1-6(a);与投影面垂直的直线,其投影积聚为一点如图1-6(b);与投影面倾斜的直线,其投影缩短如图1-6(c)。

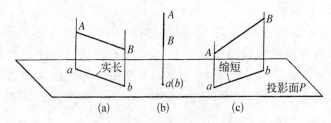

图1-6　直线的投影特性

(2) 平面的投影特性　如图1-7所示为平面的投影,也分为三种不同位置,即平行、垂直和倾斜。与投影面平行的平面,其投影反映实形,如图1-7(a);与投影面垂直的平面,其投影积聚成一直线,如图1-7(b);与投影面倾斜的平面,其投影与实形类似并缩小,如图1-7(c)。

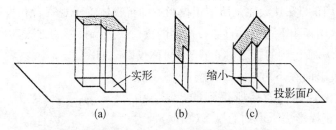

图1-7　平面的投影特性

3. 三面投影体系的建立

物体由长、宽和高三个方向(尺寸)组成的,为正确反映三个方

向的形状,必须向能反映长、宽和高的三个投影面进行投影。三面
投影体系由三个互相垂直的投影面所组
成,如图 1-8 所示,三个投影面分别为
正投影面用 V 表示,水平投影面用 H 表
示,侧投影面用 W 表示。互相垂直的三
个投影面之间的交线,称为投影轴,分别
是 X 轴、Y 轴和 Z 轴,三根轴互相垂直,
其交点 O 称为原点。

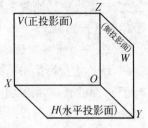

图 1-8 三面投影体系

几种特殊位置的线、面投影特性识读如下:

(1) 垂直于投影面的直线 见表 1-6。垂直于一个投影面的
直线,统称为投影面垂直线:若垂直于 H 面的直线,称为铅垂线;垂
直于 V 面的直线,称为正垂线;垂直于 W 面的直线,称为侧垂线。
由表 1-6 可总结出投影面垂直线的投影特性:

表 1-6 投影面垂直线的投影特性

名称	铅垂线($\perp H$)	正垂线($\perp V$)	侧垂线($\perp W$)
图例			
立体图			
投影图			

1) 直线在所垂直的投影面上的投影积聚成一点；

2) 直线在其他两个投影面上的投影均反映实长，且分别垂直于相应的投影轴。

(2) 平行于投影面的直线　见表 1-7。平行于一个投影面的直线，统称为投影面平行线：若平行于 H 面的直线，称为水平线；平行于 V 面的直线，称为正平线；平行于 W 面的直线，称为侧平线。由表 1-7 可总结出投影面平行线的投影特性：

表 1-7　投影面平行线的投影特性

名称	水平线($/\!/H$ 面)	正平线($/\!/V$ 面)	侧平线($/\!/W$ 面)
图例	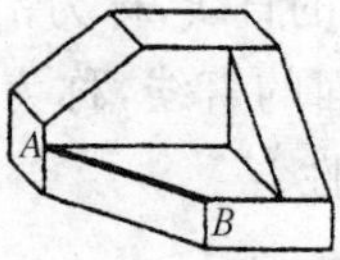	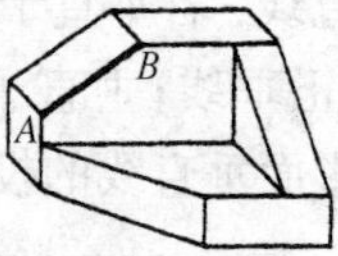	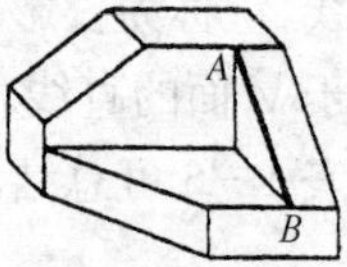
立体图	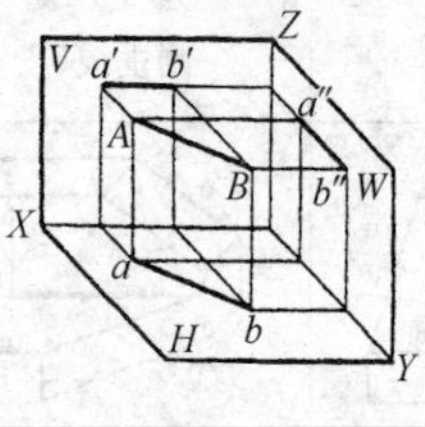	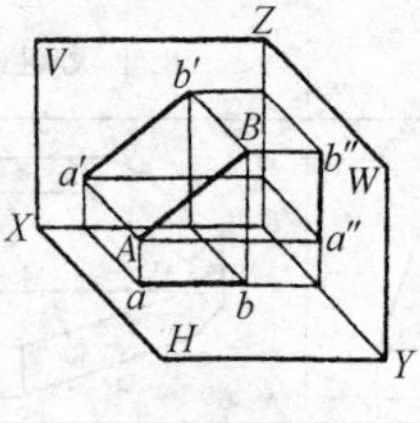	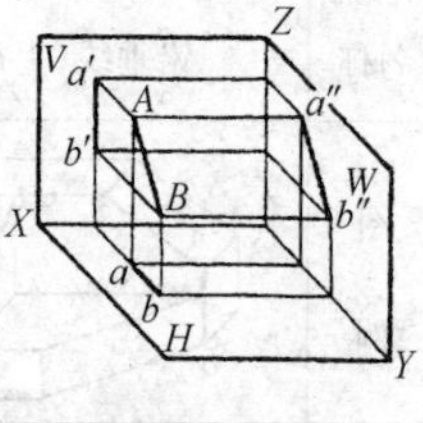
投影图	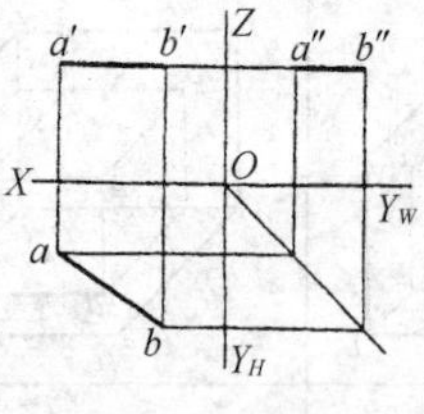	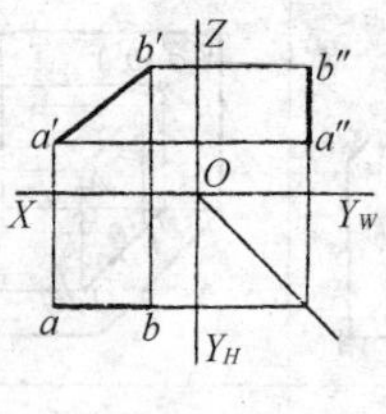	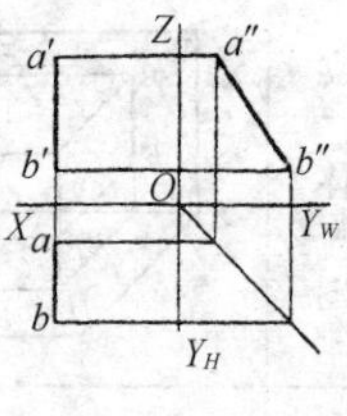

1) 直线在所平行的投影面上的投影反映实长；

2) 直线的其他两面投影平行于相应的投影轴，且小于实长。

(3) 垂直于投影面的平面　见表 1-8。垂直于一个投影面的平面，统称为投影面垂直面：若垂直于 V 面的平面，称为正垂面；垂

直于 H 面的平面,称为铅垂面;垂直于 W 面的平面,称为侧垂面。由表1-8可总结出投影面垂直面的投影特性:

表1-8 投影面垂直面的投影特性

名称	正垂面($\perp V$)	铅垂面($\perp H$)	侧垂面($\perp W$)
图例			
立体图			
投影图			

1) 平面在所垂直的投影面上的投影积聚成一条倾斜的直线,它与投影轴的夹角,分别反映该平面对另外两个投影面的倾角;

2) 平面在其他两个投影面上的投影均为面积小于原平面的类似形。

(4) 平行于投影面的平面 见表1-9。平行于一个投影面的平面,统称为投影面的平行面:若平行于 V 面的平面,称为正平面;平行于 H 面的平面称为水平面;平行于 W 面的平面称为侧平面。由表1-9可总结出投影面平行面的投影特性:

表 1-9　投影面平行面的投影特性

名称	正平面(∥V)	水平面(∥H)	侧平面(∥W)
图例	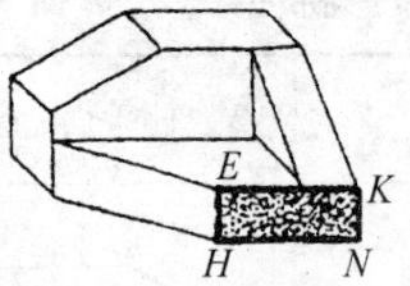	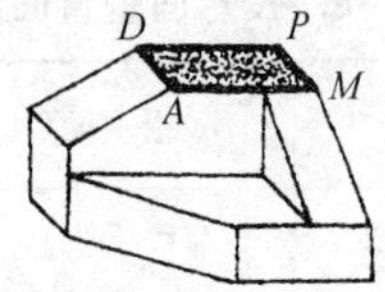	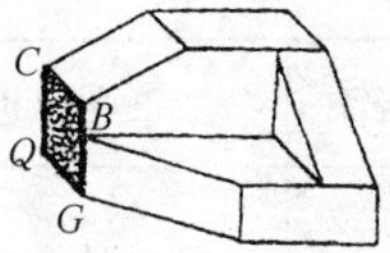
立体图	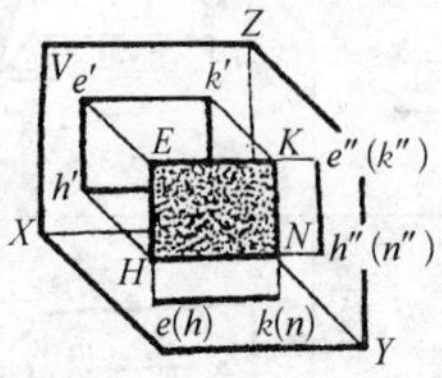	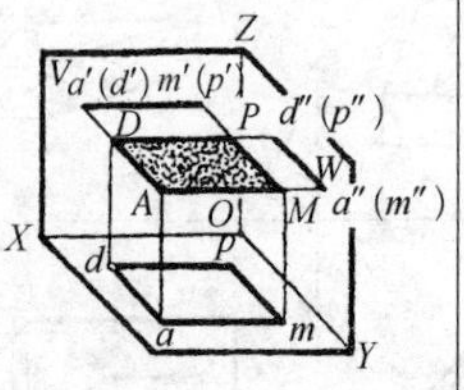	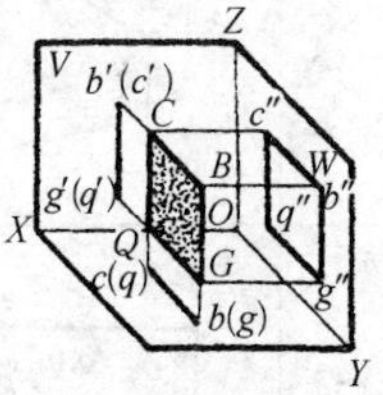
投影图	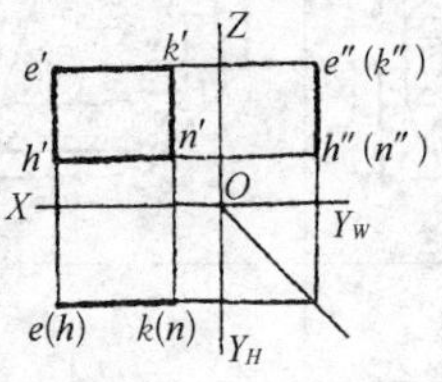	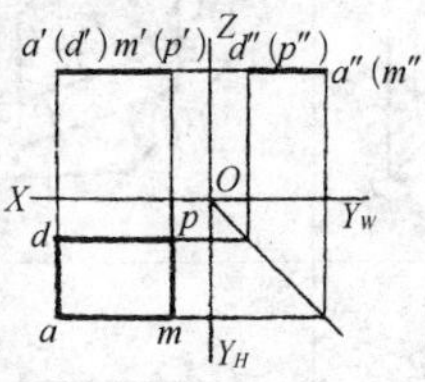	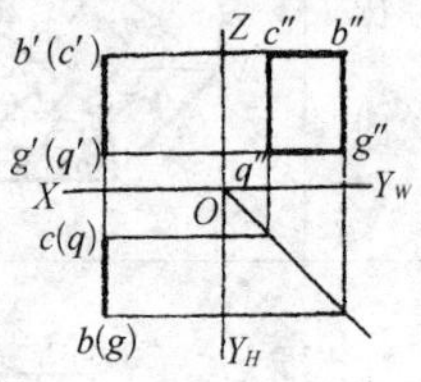

1）平面在所平行的投影面上的投影反映实形；

2）平面在其他两个投影面上的投影均积聚成直线,且平行于相应的投影轴。

4. 三视图的形成

将物体置于三面投影体系中,用正投影法将物体向三个投影面投射,如图 1-9(a)得到三个视图：

（1）主视图——从前向后投射,物体在 V 面上产生的投影,能反映物体前（后）各面的形状；

（2）俯视图——从上向下投射,物体在 H 面上产生的投影,能反映物体上（下）各面的形状；

（3）左视图——从左向右投射,物体在 W 面上产生的投影,能反映物体左（右）各面的形状。

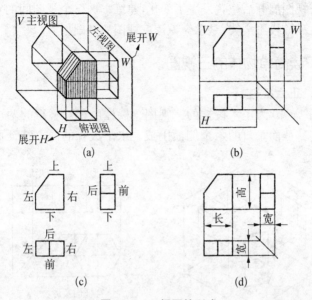

图 1 - 9 三视图的形成

为了将三个视图画到一张图纸上,要将三个视图展开到一个平面上,展开方式是 V 面不动,将 H 面向下旋转 90°,将 W 面向后旋转 90°,如图 1 - 9(a)所示,得到在一个平面上的三视图如图 1 - 9(b)。由于三个视图与物体到投影面的距离无关,投影面可认为无限大,所以省略投影面的边界线,如图 1 - 9(c)。

三视图的投影规律:

三视图中主视图反映物体左右、上下方位,俯视图反映物体左右、前后方位,左视图反映上下、前后方位,如图 1 - 9(c)。物体左右方向尺寸称为长度尺寸,上下方向尺寸称为高度尺寸,前后方向尺寸称为宽度尺寸,如图 1 - 9(d)。那么三视图的尺寸度量关系可概括为"三等"规律:

主、俯视图"长对正";

主、左视图"高平齐";

俯、左视图"宽相等"。

三视图展开后位置发生了变化,熟练掌握三个视图间的对应关系和"三等"投影规律,是学会识读三视图的基础。

四、识读简单物体的三视图

1. 正六棱柱

图1-10为正六棱柱的三视图。棱柱由相互平行的两个特征面和与特征面垂直的六个侧面围成。水平放置的两个特征面为正

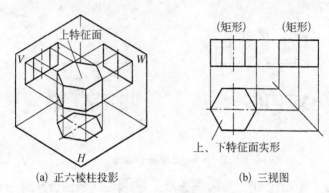

(a) 正六棱柱投影   (b) 三视图

图1-10 正六棱柱

六边形,俯视图中的正六边形为两个特征面的重合投影,反映实形;

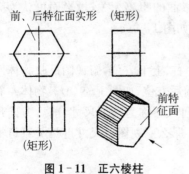

图1-11 正六棱柱

六个侧面的投影积聚成直线,与六边形的边重合,六条直立棱线的投影积聚在六边形的角点上;两个特征面在主视图和左视图中都积聚为水平线;各侧面投影成矩形,前侧面和后侧面在主视图上反映实形,在左视图上反映为直线。若将正六棱柱改换位置,三视图如图1-11所示。

2. 正三棱柱

图1-12为正三棱柱的三视图。水平放置的两个特征面为正

三角形,俯视图中的正三边形为上、下两个特征面的重合投影,反映实形;而三个侧立面在主、左视图中的投影为矩形。

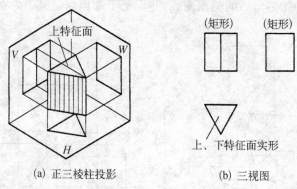

(a) 正三棱柱投影　　　　(b) 三视图

图 1-12　正三棱柱

3. 正三棱锥

图 1-13 为正三棱锥的三视图。三棱锥由一个底面和三个三角形侧面围成,侧面汇交于一点,称为锥顶,水平放置的底面为正三角形,三个侧面是大小相同的等腰三角形。正三棱锥底面为水平面,俯视图为三角形并反映实形,而在主、左视图上积聚成直线,并平行于 X 轴和 Y 轴;三个侧面(左、右、后)的俯视图为三个三角形(类似形)并汇集到锥顶点;左、右侧面的主视图为两个三角形(类似形)后侧面看不见;左侧面的左视图为三角形(类似形),右、后侧面看不见。

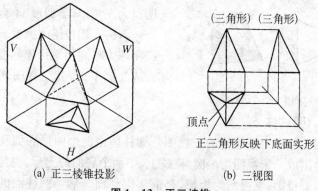

(a) 正三棱锥投影　　　　(b) 三视图

图 1-13　正三棱锥

4. 正四棱锥

图 1-14 为正四棱锥的三视图。正四棱锥由一个正方形底面和四个等腰三角形的侧面围成,并汇交于锥顶点。底面为水平面,

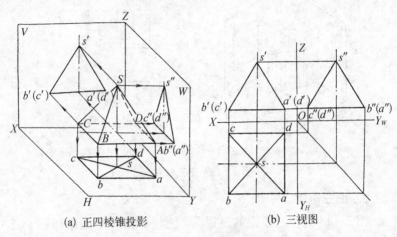

(a) 正四棱锥投影   (b) 三视图

图 1-14　正四棱锥

俯视图为正方形并反映实形,而主、左视图积聚成直线并平行于 X 轴和

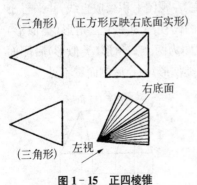

图 1-15　正四棱锥

Y 轴;四个侧面在俯视图中投影为四个三角形(类似形)并汇交于一点;前、后侧面的主视图为三角形(类似形、重合);左、右侧面的左视图也为三角形(类似形、重合)。

若将正四棱锥改换投影位置即将四方形底面平行于侧投影面而成为侧平面,其三视图就成图 1-15 所示。

5. 圆柱体

图 1-16 为圆柱体的三视图。圆柱体由两个圆形底面和一个圆柱面围成。俯视图为一圆,反映上、下两个底面的实形,也是圆柱面的积聚投影;主视图为矩形,是前半圆柱面与后半圆柱面的重合

投影,左视图也为矩形,是左半圆柱面与右半圆柱面的重合投影;上、下底面的主、左视图积聚为直线(水平线);直线 $a'a_1'$ 和 $b'b_1'$ 分别是圆柱面最左素线 AA_1 和最右素线 BB_1 的投影,它们是可见的前半圆柱面与不可见的后半圆柱面的分界线,称为曲面的转向轮廓线,素线 AA_1 和 BB_1 在俯视图中的投影积聚为点 $a(a_1)$、$b(b_1)$,在左视图中与圆柱轴线的投影重合(因为圆柱面是光滑曲面,所以不需要画出两素线的投影);圆柱的左视图也是一矩形。

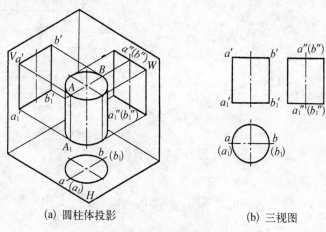

(a) 圆柱体投影　　　　　　　(b) 三视图

图 1 - 16　圆柱体

6. 圆锥体

图 1 - 17 为圆锥体的三视图。圆锥体由圆锥面和圆平面围成。圆锥体的形成可看作是一直角三角形绕本身的直角边(作为轴线)旋转一周而成,形成圆锥面的一条斜边称为母线,在圆锥面上任一位置的母线称为素线。圆锥体的俯视图为圆,反映圆锥底面的实形,也是圆锥面的投影;而主视图为一个等腰三角形,两腰分别为最左、最右两条素线的投影,它将圆锥面分为前、后两部分,前半部可见,后半部不可见,两者重影;左视图也为等腰三角形,两腰分别为最前、最后两条素线的投影,它将圆锥面分为左、右两部分,左半部可见,右半部不可见,两者重影;主、左视图的三角形底边为圆锥体底面圆的投影。必须

注意：圆锥面在 H 面不必画出素线的投影，它们与底面的中心线重合；同样锥顶在 H 面也不必画出投影，它与底面的中心重合。

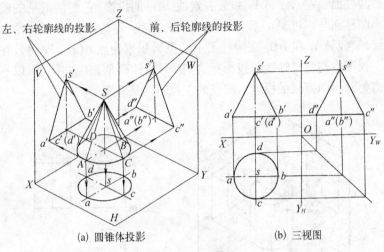

左、右轮廓线的投影　　　　　前、后轮廓线的投影

(a) 圆锥体投影　　　　　　(b) 三视图

图 1-17　圆锥体

7. 圆球

图 1-18 为圆球的三视图。圆球的表面可看作是由一个圆平面

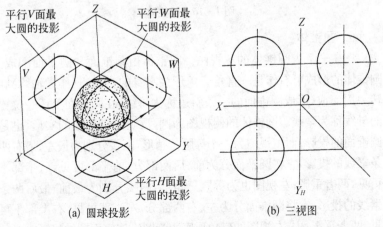

平行V面最大圆的投影　　　　平行W面最大圆的投影

平行H面最大圆的投影

(a) 圆球投影　　　　　　(b) 三视图

图 1-18　圆球

绕其直径旋转一周而成。圆球的三面投影都是与球直径相等的圆。主视图表示球体的前半球面,是前、后两半球的分界圆;俯视图表示球体的上半球面,是上、下两半球的分界圆;左视图表示球体的左半球面,是左、右两半球的分界圆;三个投影并与其不可见部分重影。

8. 圆环

图 1-19 为圆环的三视图。圆环表面可看作由一个圆(圆母线)绕同一平面上的不相交的轴线旋转一周而成。俯视图是两个同心圆,它们是圆母线上离轴线最远点、最近点旋转后的投影,它们是上环面和下环面的分界线,上环面可见,下环面不可见,两者重影;主视图上下两条直线与圆相切而成的图形,圆弧部分表示圆母线旋转到平行于 V 面时的投影,粗实线是可见部分,虚线是不可见部分,上下两条直线是圆母线最高点和最低点旋转而成的圆投影,外环面的前半部分可见,外环面的后半部分和内环面均不可见;左视图投影与主视图相同,只是圆部分为圆母线旋转到与 W 面平行时的投影。

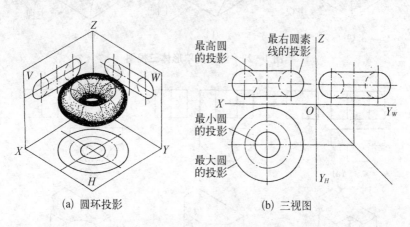

(a) 圆环投影　　　　　　　(b) 三视图

图 1-19　圆环

9. 简单形体视图分析

图 1-20 为三个简单形体的三视图。它们的主视图和俯视图都分别相同,所以只看主、俯两个视图还不能确定各自的形状,当看

到左视图后三者投影均不相同,才知分别表示三个不同的简单形体。因此只有把主、俯与左三视图联系起来看,才能充分确定每个形体的真实形状。图1-21也是三个简单形体的三视图。它们的主、左视图都分别相同,再看一下俯视图,三者投影均不相同,分别表示三个不同的简单形体。所以只有把主、左视图与俯视图联系起来看,才能确定每个形体的真实形状。

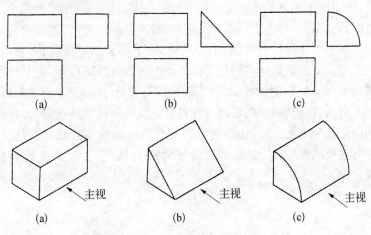

图1-20　识读简单形体三视图

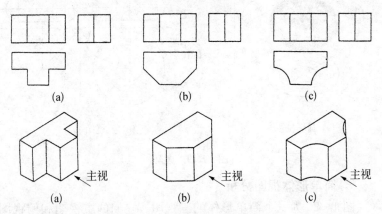

图1-21　识读简单形体三视图

五、组合体的三视图

1. 组合体

大多数机器的零件都可看作由若干个基本几何体组成的组合体。基本几何体可分为两类：平面立体和曲面立体。平面立体由若干个平面围成的立体、曲面立体由若干个曲面或由平面和曲面围成的立体。复杂一点的形体由平面立体和曲面立体组成。将几何体按一定的形式叠加或切割或综合成组合体，如图 1－22 为组合体的组合形式。图 1－23(a)为支架立体图，它是一个叠加体，由大小圆筒、两直立棱柱(肋板和支撑板)和水平放置的棱柱(底板)等几部

(a) 切割型　　　　(b) 叠加型　　　　(c) 综合型

图 1－22　组合体的组合形式

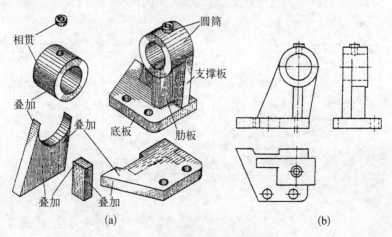

(a)　　　　　　　　　　　　(b)

图 1－23　支架的分析及其视图

分叠加而成。肋板和支撑板都叠加在底板的上表面,支撑板的右表面与底板右表面平齐。大圆筒放在肋板和支撑板的上面,且与支撑板的左、右表面相切,小圆筒放在大圆筒正中上面。图 1-23(b)为支架的三视图。图 1-24(b)为镶块立体图,它是在半圆筒上方用水平面切去弓形Ⅰ,用正平面切去两块扇形Ⅱ、Ⅲ而形成的切割体。图 1-24(a)为镶块的三视图。

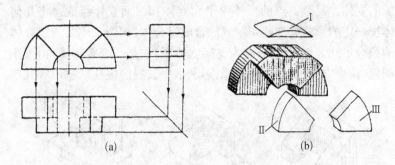

图 1-24 镶块及其视图

如图 1-25(a)将综合组合体置于三面投影体系中,按正投影法分别向三个投影面投射并将投影面展开到一个平面上,如图 1-25(b),擦去投影面的边框和交线,即成三视图。

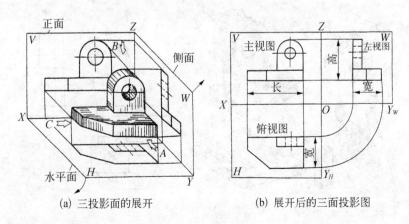

(a) 三投影面的展开 　　　 (b) 展开后的三面投影图

图 1-25 综合组合体

2. 组合体表面交线的识读

在组合体中,相邻表面的连接方式有以下几种,如图 1 - 26。

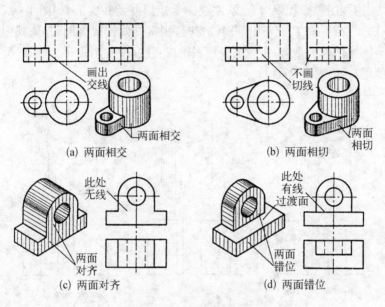

(a) 两面相交   (b) 两面相切

(c) 两面对齐   (d) 两面错位

图 1 - 26   两表面连接方式

相交——两表面相交,必有交线;

相切——两表面相切,不画切线;

对齐——两表面对齐,两面合为一面,中间无线;

错位——两表面错位,中间有线,中间的线是过渡面的投影。

在零件上,常可见到平面截切立体、立体与立体相交而产生交线。这种交线可分为截交线和相贯线两大类。

(1) 截交线的识读   立体被平面截切后,在平面和立体表面所产生的交线,叫截交线,这个平面叫截平面。截交线是被截立体和截平面的共有线。随着截平面位置不同,截切不同立体所产生的表面交线(截交线)形状也各不相同。

1) 截平面截切圆柱   图 1 - 27 为截平面截切圆柱体的截交线。当截平面 P 处于水平面位置时,则截交线围成圆形,其俯视图与圆柱投影重合,主、左视图积聚成直线并分别平行于 X 轴和 Y 轴,如图1-27(a);当截平面 P 处于侧平面位置时,则截交线围成矩形,其主、俯视图投影积聚为直线,左视图为矩形并反映实形,如图 1-27(b);当截平面 P 处于正垂面位置时,则截交线围成椭圆,其俯视图与圆柱体投影重合,主视图投影积聚成直线,左视图投影为椭圆(类似形),如图 1-27(c)。

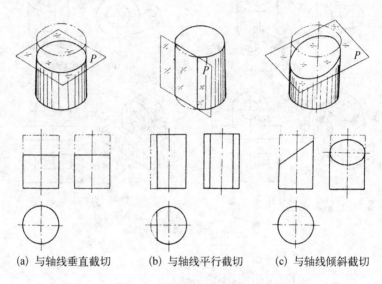

(a) 与轴线垂直截切　　(b) 与轴线平行截切　　(c) 与轴线倾斜截切

图 1-27　圆柱截切的三种形式

2) 截平面截切圆锥体　图 1-28 为截平面截切圆锥体的截交线。当截平面 P 为水平面时,截交线围成圆,其俯视图为圆,主、左视图积聚成直线,并平行于 X 轴和 Y 轴,如图 1-28(a)。当截平面 P 处于正垂面位置时,其截交线围成椭圆,主视图积聚为直线,俯、左视图投影为椭圆(类似形),如图 1-28(b)。当截平面为侧平面位置时,其截交线由双曲线和直线围成,主、俯视图投影积聚为直线,左视图投影为截交线实形,如图 1-28(c)。当截平面为过锥顶的正垂面时,截交线围成过锥顶的三角形,主视图投影积聚成直线,俯、左视图为三角形(类似形)如图 1-28(d)。

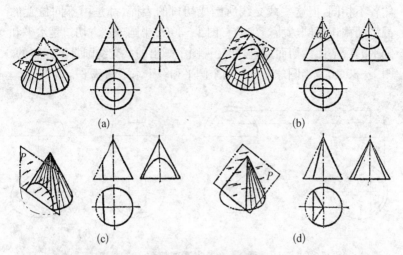

图 1-28　圆锥体截切

3) 截平面截切圆球　图 1-29 所示为截平面截切圆球,其截交线所围成的形状均为圆,当截平面平行于基本投影面截切圆球,截交线在三视图中的投影,分别为圆和直线,如图 1-29(a)、(b)。截交线围成圆的直径与截平面的位置有关,截平面距离球心越近,直径越大,反之越小。图 1-30 所示为半圆球被两个或两个以上截平面截切,形成截交线围成不同切口时的投影。半圆球的切口形状虽

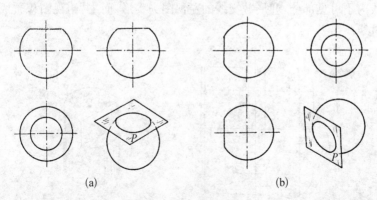

图 1-29　圆球截切

然各不相同,但这些截交线所围成切口的表面,都是由不同位置的截平面截切半圆球所产生的。图1-30(a)半圆球左方切口是水平和侧平的截平面截切而成,显然三视图中画出的截交线圆是不完整的。图1-30(b)是半圆球上方被两个侧平和一个水平的截平面截切。

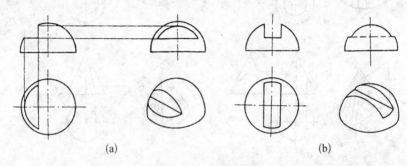

(a)   (b)

图1-30 半圆球截切

4) 圆柱的切口 图1-31(a)所示为圆柱被处于水平和侧平位置的截平面截切,切口的表面交线分别围成Ⅰ和Ⅱ,Ⅰ形截交线的俯视图投影反映实形,主、左视图投影积聚成直线,Ⅱ形截交线的左视图反映实形,主、俯视图积聚成直线。图1-31(b)圆柱被一个水平和两个侧平位置的截平面截切,切口截交线分别围成Ⅰ形和两个Ⅱ形,Ⅰ形截交线俯视图反映实形,主、左视图积聚成直线,中间虚线为不可见部分,Ⅱ形截交线的左视图为实形,而主、俯视图积聚成直线。

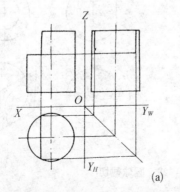

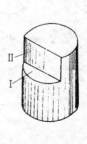

(a)

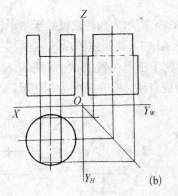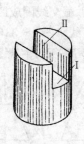

(b)

图 1 - 31　圆柱截切

5）空心圆柱的切口　图 1 - 32(a)所示为空心圆柱被一个处于侧平位置的截平面截切，切口截交线围成两个矩形 *ABFE* 和 *CDHG*，主视图积聚成一条直线（重合），俯视图积聚成两条短条，左视图为两个矩形并反映实形。图 1 - 32(b)为空心圆柱的左上方和右上方分别被处于水平和侧平位置的截平面截切，切口截交线 I 的俯视图反映实形，主、左视图积聚成直线，截交线 II 的左视图反映实形，主、俯积聚成直线。

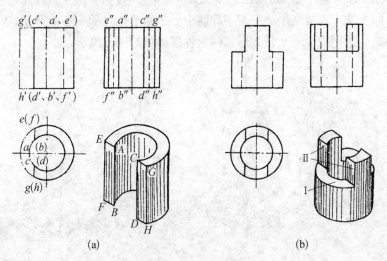

(a)　　　　　　　　　　　(b)

图 1 - 32　空心圆柱截切

6) 四棱锥截切　图1-33(a)所示为四棱锥被处于水平位置的截平面截切,截交线围成四边形 ABCD,其俯视图反映实形,主、左视图积聚成直线。图1-33(b)被处于正垂位置的截平面截切,截交线围成四边形 EFGH,主视图积聚成直线,俯、左视图为四边形(类似形)。

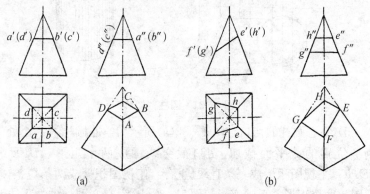

图 1-33　四棱锥截切

7) 四棱锥的切口　图1-34(a)所示为四棱锥被一个处于侧平和两个处于水平位置的截平面截切,截交线分别围成等腰梯形 BCFG 和两个矩形 ABGH 和 CDEF 的三面投影。图1-34(b)为四棱锥上方被两个处于水平和两个处于侧平位置的截平面截切,截交线分别围成三个长方形和两个等腰梯形的三面投影。

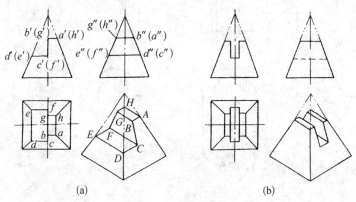

图 1-34　四棱锥切口

（2）相贯线的识读　两立体相交,在其表面产生的交线,称为相贯线。一般情况下,两曲面立体相交,其交线为一条封闭的空间曲线,相贯线是两相交立体的共有线和分界线。

1）曲面立体相交　图 1-35 所示为曲面立体常见的几种相贯线。图 1-35(a)所示,小圆柱与大圆柱相交,所产生的相贯线既在小圆柱上,又在大圆柱上,是两个圆柱表面的共有线。相贯线在俯视图中投影积聚在小圆柱的投影小圆周上,在左视图中投影积聚在大圆柱的投影大圆周上并界于小圆柱两轮廓线之间的一段圆弧,而在主视图上的投影是一条非圆曲线。

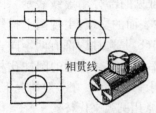

(a) 不同半径的圆柱正交

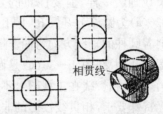

(b) 相同半径的圆柱正交(相贯线为椭圆)

(c) 圆柱与圆锥相贯

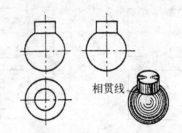

(d) 圆柱与球相贯(相贯线为圆)

图 1-35　曲面立体相交

图 1-35(b)所示为相同直径的两圆柱相交,相贯线为椭圆,该相贯线在俯视图上投影积聚在垂直圆柱体的投影圆上,在左视图上投影积聚在水平圆柱体的投影圆上,而相贯线在主视图上投影为两条与水平线成 45°的斜线。图 1-35(c)为圆柱与圆锥相交,相贯线为一条空间曲线,图中圆柱轴线是处于垂直于 W 面位

置,所以,相贯线在左视图中的投影与圆柱的投影圆重合,积聚在这个圆上,该相贯线在主、俯视图上的投影均为一条非圆曲线,虚线是看不见相贯线部分的投影,另一条圆弧虚线是圆锥底圆看不见部分的投影。图1-35(d)是圆柱与圆球相交,其相贯线为一个圆,在俯视图中的投影是一个圆,与圆柱的投影圆重合,在主、左视图上的投影均为一条平行于 X 轴和 Y 轴的直线,长度等于圆柱的直径。

2) 圆柱上开圆柱孔　当圆柱上开圆柱孔,或圆柱孔与圆柱孔在内部相交时,它们的相贯线画法,基本上与两圆柱外表面相交的相贯线画法一样,但要注意的是在不可见的部分用虚线表示。图1-36(a)为圆柱上开圆孔,圆孔与圆柱表面的交线,主视图上投影是向着圆柱的轴线方向弯曲。图1-36(b)是圆柱内部有两不同直径圆柱孔相交,图1-36(c)是圆柱内部有两直径相同的圆柱孔相交,它们的相贯线在主视图上不可见,用虚线表示。在一般情况下,若无特殊要求,相贯线投影的非圆曲线常用圆弧来代替。

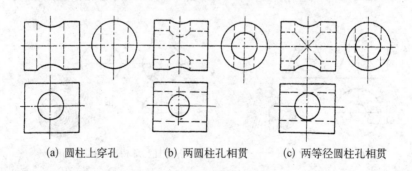

(a) 圆柱上穿孔　　　(b) 两圆柱孔相贯　　　(c) 两等径圆柱孔相贯

图1-36　圆柱上开圆柱孔

3) 过渡线　由于工艺和强度等方面的要求,在零件某些表面的相交处,往往用小圆角曲面光滑过渡,这样使原来的表面交线不明显,为了区别不同的表面,在原来交线处用过渡线画出,过渡线画法特征是其两端与轮廓线不相交(留有一点间隙),便于识读图样。图1-37所示为两立体圆弧过渡相交时的过渡线。

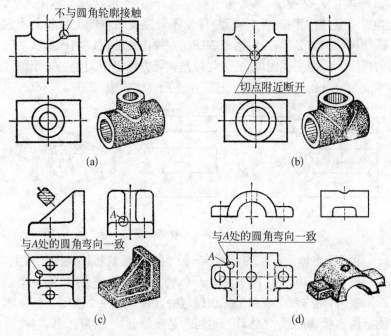

图 1-37 过渡线

3. 识读组合体三视图

画视图是将空间物体用正投影法表达在平面上的过程,而识读视图是用正投影法,根据平面图形,想象出空间物体结构形状的过程。而且,画视图和看视图均要用形体分析法和线面分析法,只是看视图还得掌握其特殊的规律。

(1) 识读视图的步骤和方法

1) 形体分析法

① 看视图抓特征　看视图是以主视图为主。首先要弄清楚图纸上有几个视图,哪个是主视图,哪个是俯视图和左视图,其次对各基本形体进行分析,逐个找出其在各视图中的投影,想象出其形状,最后综合起来设想出整体结构。

例 1　底板的三视图　图 1-38 所示为底板形状特征视图。假如只看主、左两视图,那么除了板厚之外,其他形状就看不出来了,如果将主、俯视图配合起来看,即使不看左视图也能大致想象出它的结构形状。显然,此时的俯视图比左视图更能反映物体形状特征的视图。根据三视图可知,该物体是在长方体上中间挖去一个圆柱体成为上下通孔,左、右两端挖去半个圆柱体而成,如图1-38(c)。

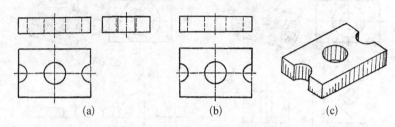

(a)　　　　　　　　(b)　　　　　　　　(c)

图 1-38　底板形状特征视图

例 2　座体的三视图　图1-39为座体形状特征视图。从主、俯视图(a)看,物体上Ⅰ、Ⅱ两块形体哪一块是凹进去的,哪一块是凸出来的,由这两个视图是无法确定的,因此,这两个视图表示物体的结构形状,可能是座体(b),也可能是座体(c)。如果从主、左视图(d)看,就能清楚地表示图1-39(c)这个座体结构形状,而且还确定了Ⅰ、Ⅱ两块形体的凹凸情况。这种能反映相互位置关系的视图,称为物体的位置特征视图,可见特征视图是关键视图。所以看视图时应找出形状特征视图和位置特征视图,再结合其他视图,就能较

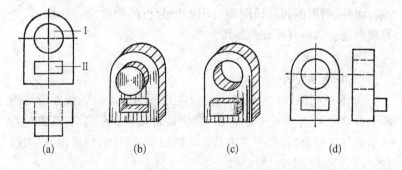

(a)　　　　　　(b)　　　　　　(c)　　　　　　(d)

图 1-39　座体位置特征视图

快地看清物体的结构形状了。将图 1-39(a)的俯视图移至图 1-39(d),就是座体(c)的三视图。

② 分析投影想形体　根据物体的特征视图,从图上对物体进行形状分析,按照视图中每一个封闭线框代表一块形体轮廓的投影,把它分解成几个部分,再根据三视图的投影规律,分出每一块形体的三个投影,想出其形状。一般顺序是:先看主要部分,后看次要部分;先看容易确定的部分,后看难于确定的部分;先看整体形状,后看细节形状。

例　轴承座的三视图　图 1-40 为轴承座的三视图。

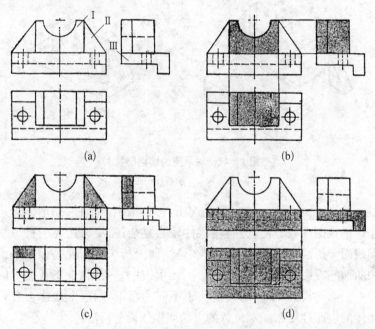

(a)　　(b)　　(c)　　(d)

图 1-40　轴承座的三视图

从图 1-40(a)的主视图和左视图可知,轴承座具有特征形状由Ⅰ、Ⅱ和Ⅲ三部分组成。由形体Ⅰ的主视图入手,根据三视图投影规律可找到俯、左视图上相应的投影,想象出形体Ⅰ是一块长方块,在其上部挖去一个半圆槽,如图 1-40(b);同样可找到形体Ⅱ的俯、左视图,它是左、右两块三角肋板,如图1-40(c);最后看形体Ⅲ的俯、左视图,它是带弯边的长方板,上面钻了两个孔,如图1-40(d)。

③ 综合起来设想整体　在看懂每块形体的形状后,再综合起来看三视图,则能设想出物体的整个形状了。如图1-40(a)的轴承座位置特征,从主、俯两视图上可以清楚地表示出来,长方块Ⅰ在底板Ⅲ的上面、位置是中间靠后。肋板Ⅱ在长方块Ⅱ的两侧并且后面平齐。底板Ⅲ前面有一弯边,它的位置可从左视图上清楚地看出。经过形体分析,综合起来想整体,就形成了如图1-41的空间结构形状。

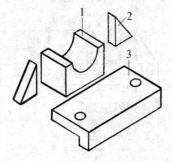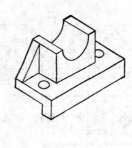

图 1-41　轴承座的结构形状

1—长方块;2—肋板;3—底板

2) 线面分析法　在一般情况下,形体清晰的零件,用形体分析法识读视图比较方便,但有些零件较为复杂,需要再用另一种方法即线面分析法来进行分析。什么是线面分析法?那就是根据平面和曲面的投影规律,视图中的每一个封闭线框一般情况下代表空间的一个面的投影,不同的线框代表不同的面,利用这个规律去分析物体的表面性质和相对位置的方法叫做线面分析法。

例1　压块　图1-42(a)为压块的三视图。首先进行形体分析:分析整体形状——从压块的三个视图可看出其基本形体是长方体;分析细节形状——从主视图可看出,压块的顶部有一个从上(大)到下(小)的阶梯孔,在左上方切掉一角。从俯视图可看出,长方块的左端切掉前、后两个角。从左视图可看出,其前、后两边各切去一块。其次还要进行线面分析：按三视图的投影规律，找出每一个封闭线框代表每一个面的三个投影。

从图 1 - 42(b)可知——在俯视图中有梯形线框 p，而在主视图中找出与它相对应的斜线 p'，由此可知压块上的 P 面是一个垂直于 V 投影面的梯形平面，P 面是由一个正垂面截切而成的。P 面与投影面 W 和 H 都处于倾斜位置，所以它的投影 p'' 和投影 p 都是类似图形，不反映压块 P 面的真实形状。

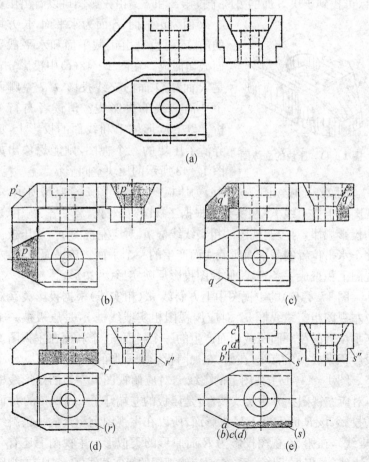

图 1 - 42　压块的三视图分析

从图 1-42(c)可知——在主视图中有七边形线框 q'，而在俯视图中可找出与它相对应的斜线 q，由此可知压板上的 Q 面是垂直于 H 投影面的，长方块的左端就是由这样两个截平面截切而成的。Q 面与投影面 V、W 都是处于倾斜位置，因此侧面投影 q'' 与正面投影 q' 都是类似形的七边形线框，不反映实形。从图 1-42(d)可知——在主视图上的长方形线框 r'，可找到压块 R 面的另两个投影 r 和 r''。

同样道理，从图 1-42(e)可知——从俯视图的四边形线框 s 入手，可找到压块 S 面的另两个投影 s' 和 s''。由投影图可以看出压块上 R 面为正平面，S 面为水平面，长方块的前、后两边是由正截平面和水平截平面截切而成。在图 1-42(e)中投影 $a'b'$ 是 R 面和 Q 面的交线投影，$c'd'$ 是哪两个平面交线的投影呢？请读者自行分析。以上从形体上和线面的投影上，已弄清了压块的三个视图，则能想象出如图 1-43 所示的压块空间形状了。

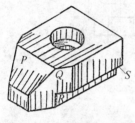

图 1-43　压块的立体图

例 2　压板　图 1-44(a)为压板三视图。图 1-44(b)所示，主视图左上方直线 p'（粗实线），根据三视图"长对正、高平齐、宽相等"的投影规律，对应俯视图的粗实线线框 p，对应左视图 p''，是压板被处于水平位置的截平面所截切而产生的一个平面。该平面在主、左视图上积聚成一条直线，俯视图投影反映实形（八边形）。

图 1-44(c)的主视图中上方斜线 n'（粗实线）根据投影关系对应左视图粗实线线框 n''，对应俯视图粗实线线框 n，是压板被一个正垂位置的截平面所截切而产生的一个斜面，这个斜面在主视图上投影积聚成一条直线，在俯、左视图投影为原形的类似形。

图 1-44(d)主视图上的虚线 r' 对应俯视图上左边的矩形线框 r，对应左视图上 r'' 粗实线线框，是压板的左端开了一斜缺口的 R 面的投影，该 R 面垂直于 V 投影面，所以在主视图上积聚成一条斜线（虚线），在俯、左视图投影为 R 面原形的类似形。主视图上还有一条虚线 q'，根据投影关系，它对应俯视图的粗实线线框 q，对应左视图

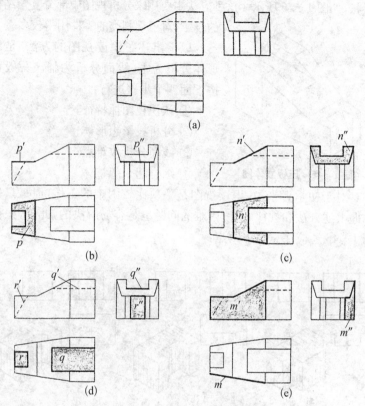

图 1 - 44　压板的三视图分析

粗实线 q''，是压板右上方开了一个矩形槽槽底的投影，该槽底 Q 处于水平位置，所以俯视图投影反映实形，在主、左视图投影积聚成直线。

　　图 1 - 44(e) 俯视图左前方斜线 m（粗实线）是压板的形状特征，根据投影关系对应主视图的粗实线线框 m'，对应左视图粗实线线框 m''，是压板被处于铅垂位置的截平面截切而产生的一个五边形斜面 M，这个斜面 M 在俯视图投影积聚成直线 m，在主、左视图投影为原形的类似形 m'、m''。

　　通过对视图进行线面（线框）的投影分析，把三个视图联系起来看，搞清楚形体各个面的形状和相对位置，最后想象出该压板的整体形状,如图 1-45 所示。这种方法主要用来分析视图中部分复杂结构的投影,对于切割类的零件用得较多。

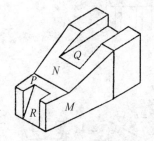

以上讲述了识读视图的方法,是以形体分析为主,线面分析为辅。一般可按下面四个步骤进行:

① 认识视图抓特征;

② 分析投影想形体;

③ 线面分析攻难点;

图 1-45　压板立体图

④ 综合起来想整体。

对于初学者来说,识读视图是一项比较困难的工作,但是只要掌握上述方法和规律,识读困难的问题也是容易解决的,此外,根据图 1-46 还应注意以下两点:

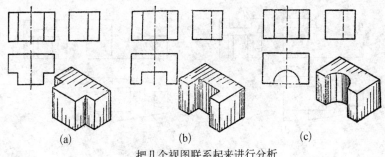

(a)　　　　　　(b)　　　　　　(c)

把几个视图联系起来进行分析

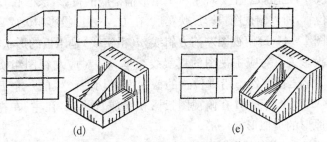

(d)　　　　　　　　　(e)

利用虚线、粗实线的不同分析形体

图 1-46　识读视图联系分析图

① 把几个视图联系起来分析：在一般情况下，只看一个视图不能确定物体的形状，只有将几个视图联系起来进行分析，才能弄清物体的形状。如图 1-46(a)(b)(c) 的三视图中，主视图都相同，尤其是图 1-46(b) 和 (c) 主、左视图都相同，但联系起来再看一下俯视图，就知道这三个物体完全不同。

② 利用虚线、粗实线的不同分析形体：图 1-46(d)(e) 的俯视图和左视图均相同，那么两物体的三角肋板是一块还是两块呢？图 1-46(d) 的主视图上是粗实线，则可确定在正中间有一块三角肋板，而图 1-46(e) 的主视图上为虚线，则可确定在其一前一后共有两块三角肋板。

(2) 识读视图综合示例　如下：

例 1　识读图 1-47 所示的综合型组合体轴承座三视图。

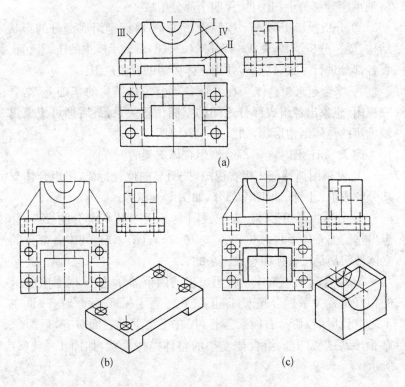

(a)

(b)　　　　　　　　　(c)

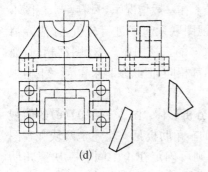

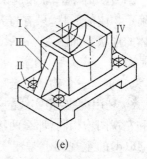

(d) (e)

图 1-47 识读综合型组合体轴承座三视图

① 看视图抓特征 以主视图为主,联系俯视图和左视图,初步了解轴承座的大致形状,如图 1-47(a)按主视图中的实线线框,可将轴承座分解为Ⅰ、Ⅱ、Ⅲ、Ⅳ四个部分组成。

② 分析投影想形体 按照投影关系,将四个组成部分的形状结构,逐一分析清楚,图 1-47(b)、(c)、(d)对轴承座中的Ⅰ、Ⅱ、Ⅲ、Ⅳ各部分进行了投影分析,并用立体图帮助看懂视图。

③ 综合起来想整体 在看懂各部分形体结构的基础上,结合三视图,想象出各组成部分之间的空间位置关系,最后即可想象出轴承座的整体结构形状,如图 1-47(e)所示。

例 2 识读图 1-48 综合型组合体支架的三视图。

① 看视图抓特征 粗看视图,按明显的位置特征,将组合体支架分解成Ⅰ、Ⅱ、Ⅲ、Ⅳ四个部分,如图 1-48(a)。

② 分析投影想形体 在三视图中,分别找出四部分的投影,并想出它们的立体形状,如图 1-48(b)、(c)、(d)、(e),图中各部分的立体形状都是按特征面想象出来的。

③ 综合起来想整体 将想象出的四个部分,按三视图中所示的相互位置关系拼合起来,即Ⅱ在Ⅰ之上且右面、后面对齐,Ⅲ在Ⅰ之上且后面对齐,右面紧靠Ⅱ,Ⅳ在Ⅰ之上且右面对齐,后面紧靠Ⅱ,最后想象出该组合体支架的整体结构形状,如图 1-48(f)所示。

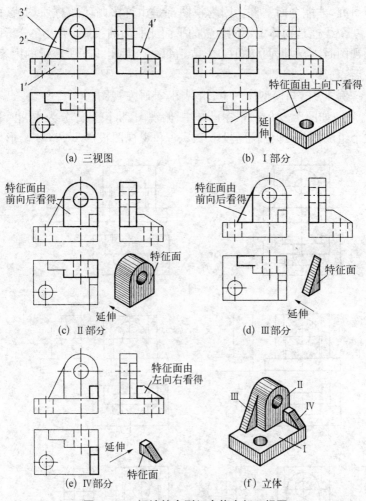

(a) 三视图

(b) Ⅰ部分

特征面由上向下看得

延伸

(c) Ⅱ部分

特征面由
前向后看得

特征面

延伸

(d) Ⅲ部分

特征面由
前向后看得

特征面

延伸

(e) Ⅳ部分

特征面由
左向右看得

延伸

特征面

(f) 立体

图 1-48 识读综合型组合体支架三视图

(3) 补视图和补缺线 补视图和补缺线是培养看图能力和检验能力,是帮助看懂视图的两种方法,通过看视图,想象出空间物体的结构形状,再进行补视图和补缺线,完成三视图。

1) 补视图 由两个已知视图,补画第三个视图,称为补视图。补视图需要根据视图具体情况,运用形体分析法和线面分析法去分析研究，才能全面掌握。因为视图都是由许多封闭线框所构成，而每一个线框是物体上不同位置的平面或曲面的投影，所以在分析已知视图时，应根据两已知视图，弄清每一个封闭线框所表示的内容，最后完成第三视图。

例1 已知模型体的主、俯视图，补画左视图。

① 如图1-49(a)根据已知主、俯视图，将模型体分为Ⅰ、Ⅱ、Ⅲ三个组成部分，即俯视图投影1、2、3和主视图投影1′、2′、3′。形体

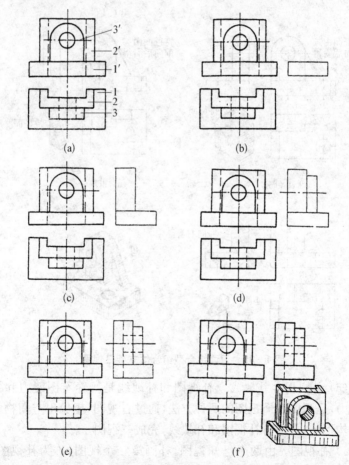

(a) (b)

(c) (d)

(e) (f)

图1-49 补模型体的左视图

Ⅰ是模型体的底板,在主、俯视图中都是长方形线框,其形状为长方体,故左视图投影应为长方形,如图 1 - 49(b)。

② 形体Ⅱ是模型体的竖板,在两视图中都是封闭长方形线框,其形状也是长方体,并竖在底板Ⅰ上后部位置,所以它的左视图应画在底板上的左侧,如图 1 - 49(c)。

③ 形体Ⅲ是半圆头棱柱,它在俯视图上是长方形线框,在主视图上是上圆下方的线框并竖在底板Ⅰ之上、竖板Ⅱ之前,其形状是半圆柱与长方块的圆滑过渡的结合体,所以左视图仍然是长方形并应画在底板之上靠紧竖板,如图 1 - 49(d)。

④ 从形体Ⅱ、Ⅲ的已知视图可知它们的上面有一个通孔,在形体Ⅰ、Ⅱ后面从上到下开一个凹槽直通到底,所以在左视图上应用虚线表示出来,如图 1 - 49(e)。

⑤ 根据已补出的左视图,再结合已知的主、俯视图,想象出模型体的立体形状进行检查核对,如图 1 - 49(f)。

例 2 已知轴承座体主、俯视图,补画左视图。

① 根据图 1 - 50(a)将轴承座体分解为Ⅰ、Ⅱ、Ⅲ三个部分,即俯视图上 1、2、3 和主视图上 $1'$、$2'$、$3'$,按投影关系它们相互叠加。因为线框 1 和 2 之间及线框 $2'$ 和 $3'$ 之间无分界线,故Ⅰ和Ⅱ顶平面平齐,Ⅱ和Ⅲ前平面平齐。

② 形体Ⅰ是一个上面带两圆角和圆孔的四棱柱,形体Ⅱ和Ⅲ也是四棱柱。从主视图两半圆对应俯视图两个可见矩形可知,形体Ⅰ和Ⅱ上边前后挖切了一个前大后小的半圆柱槽,从主视图小矩形 p' 对应俯视图的虚线 p 可知,形体Ⅲ的下边挖了一个未通的长方形槽,挖到虚线 p 止,如图 1 - 50(b)。

③ 补出轴承座体Ⅰ部分外形左视图,如图 1 - 50(c)。

④ 补出轴承座体Ⅱ和Ⅲ部分外形左视图,如图 1 - 50(d)。

⑤ 补出形体Ⅰ和Ⅱ上的半圆孔的投影以及Ⅲ下面的不通槽的投影,p'' 的虚线与粗实线重合,如图 1 - 50(e)。

⑥ 最后综合想象出该轴承座体的结构形状如图 1 - 50(f)来检验所补左视图的正确性。

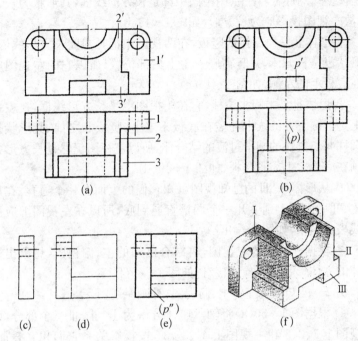

(a)　　　　　　　　　　　　　　　(b)

(c)　　　　(d)　　　　(e)　　　　　　(f)

图 1-50　补轴承座的左视图

例3　已知支架座体的主、俯视图,补出左视图。

① 如图 1-51(a)为支架座体的主、俯视图,根据投影关系将支架座体分解为Ⅰ、Ⅱ、Ⅲ三个部分,它们相互叠加,Ⅱ、Ⅲ位于Ⅰ之上,Ⅰ和Ⅱ后表面平齐,图 1-51(a)1、2、3 和 1′、2′、3′。

② 形体上Ⅰ是一个四棱柱,左右两边叠加了两个与四棱柱底面平齐、上面不平齐的半圆柱,四棱柱的左右两侧的上方被两个处于正平、一个侧平和一个与半圆柱顶平面平齐的水平截平面截切挖掉一个四棱柱槽,同时,又被上下挖通一个小圆柱孔;形体Ⅱ也是四棱柱,从主视图虚线框对应俯视图的缺口可知,形体Ⅰ和Ⅱ的后面由上到下挖了一个直通长方槽;形体Ⅲ是一个上为半圆柱形、下为长方形的柱体,从主视图小圆对应俯视图虚线框知,形体Ⅱ和Ⅲ前后挖通一个小圆柱孔。

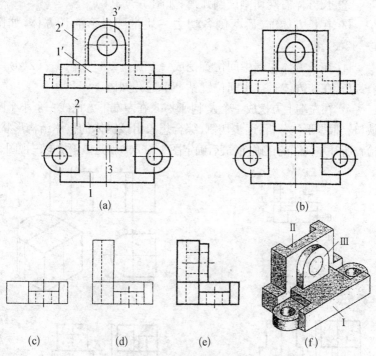

图 1-51 补画支架座的左视图

③ 在此分析基础上根据图 1-51(b)可以补出支架座体Ⅰ部分的左视图,如图 1-51(c);补出形体Ⅱ的左视图及Ⅰ和Ⅱ后面上下方向通槽的投影如图 1-51(d);补出形体Ⅲ的左视图及Ⅱ和Ⅲ上通孔的投影如图 1-51(e)。

④ 最后综合想象出该支架座体的结构形状如图 1-51(f)以此来检验所补左视图结合已知主、俯视图是否是该支架座体的三视图。

例 4 已知镶块的主、俯视图,补画左视图

① 根据镶块的主、俯视图,如图 1-52(a),经形体分析可认为由长方体切割平面、圆弧和钻孔而成。将镶块整体分解为Ⅰ、Ⅱ、Ⅲ、Ⅳ、Ⅴ、Ⅵ六个部分,在视图上分别为 1、2、3、4、5、6 和 1′、2′、3′、4′、5′、6′。可采用逐步切割方法来补出左视图。

② 长方体右端切割成圆弧形,如图 1-52(b)。

③ 在长方体前、后两侧各切去一块带圆弧形的长方体,如图 1-52(c)。

④ 在长方体左端中间位置挖成一个弧形缺口如图 1-52(d)。

⑤ 在长方体右端中间位置钻一个通孔如图 1-52(e)。

⑥ 在左端上方挖成一个大半圆缺口、在左端下方挖成一个小半圆缺口。根据形体分析、逐步切割,综合想象出该镶体的整体结构形状,检查所补左视图的正确性,最后确定图 1-52(f)就是该镶块的三视图。

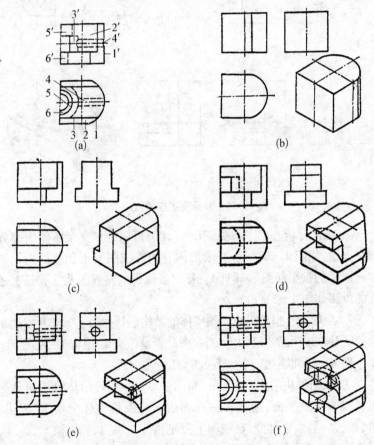

图 1-52 补画镶块的左视图

例5 已知支撑体的主、左视图,补出俯视图。

① 根据图1-53(a)两视图,进行形体分析,将支撑体分成Ⅰ、Ⅱ、Ⅲ三个部分,即主、左视图的投影1、2、3和1″、2″、3″。该支撑体下部是一个倒的凹形底板Ⅰ,左、右各有一个通孔;底板上部有一个垂直于 *H* 面的圆柱Ⅱ,圆柱直径与底板Ⅰ宽度一致,并从上到下在中间占了一个通孔;在圆柱Ⅱ前与一个直径相等的圆柱Ⅲ相交,圆柱Ⅲ的内孔与圆柱Ⅱ内孔为不等直径相交。据此,逐步补出俯视图。

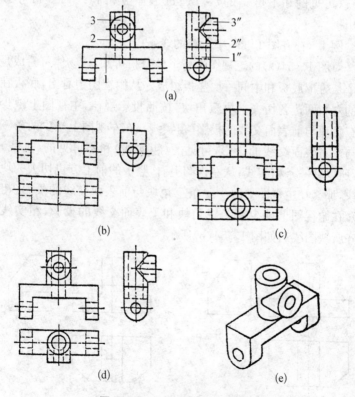

图1-53 补画支撑体的俯视图

② 补出底板Ⅰ的俯视图,如图1-53(b)。

③ 补出俯视图中与 H 面垂直的中空圆柱Ⅱ的投影如图 1-53(c)。

④ 补出俯视图中轴线与 V 面垂直的中空圆柱Ⅲ,如图 1-53(d)。

⑤ 综合想象该支撑体的结构形状,检查所补俯视图的正确性,如图 1-53(e)。

2) 补缺钱 视图上的每一条线必定是物体上以下要素的投影:两表面的交线的投影、垂直于投影面的平面的投影或者曲面转向处的轮廓线的投影。因此,在分析已知视图时必须搞清楚每一条线所表示的内容,不可多画线也不可少画线。对视图中漏缺的线(可见的和不可见的),可通过形体分析和线面分析等方法找出。

例1 补齐图 1-54 中所缺的线条。

对图 1-54(a)的三视图进行形体分析可知,该物体可看成是由一个长方形底板和中间一块竖板组成。从俯视图中看出,底板在前面的左右两边各切去一块三角块,按照投影规律,主视图上缺少两条三角块与前表面交线的投影(粗实线)、在左视图上缺少两条三角块与左右表面交线的投影,可见的(粗实线)和不可见的(虚线)重影,所以缺一条粗实线;从左视图上看,竖板的前上方也切去一块三角块,那么在主视图上缺少一条三角块与前表面交线的投影(粗实线),在俯视图上缺少一条三角块和上表面交线的投影(粗实线)。补齐所缺图线后如图 1-54(b)所示。

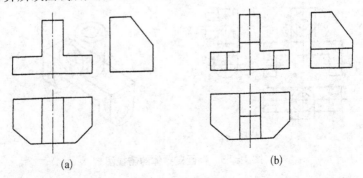

(a) (b)

图 1-54 补缺线

例 **2** 补齐图 1 - 55 三视图中的缺线。

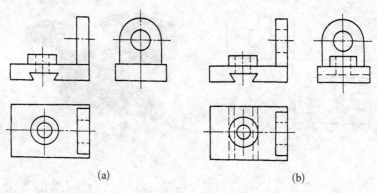

(a)   (b)

图 1 - 55 补缺线

对图 1 - 55(a)三视图进行形体分析可知,该物体由三部分叠加起来然后再切割而成。底部为一长方形底板,在底板下方的前后方向挖通了一条燕尾槽,对照投影关系,燕尾槽在俯视图中少了四条虚线(不可见)、在左视图中少了一条虚线;底板的右上方是一块半圆头板,半圆头板上钻了一个圆通孔,圆孔在主视图上的投影为两条不可见轮廓线,显然,主视图缺少这两条虚线;另外,底板的上方有一个小圆柱体,其中间钻了一个小圆孔,小圆孔与燕尾槽之间是钻通的,小圆柱和小圆孔在左视图中可见轮廓线(粗实线)和不可见轮廓线都没有画出来,必须补上。补齐所缺图线后,三视图如图 1 - 55(b)所示。

例 **3** 补齐图 1 - 56 视图中的缺线。

图 1 - 56(a)所示物体是一个切割式组合体,可以看成是从长方体上切去形体Ⅰ、Ⅱ、Ⅲ后而成,如图 1 - 56(b)。从长方体上切去形体Ⅰ后形成 P、Q 两个平面,应补画它们的交线的水平投影 1、2 和侧面投影 $1''$、$2''$,从长方体上切去形体Ⅱ后形成槽Ⅱ,应补画其主视图一条虚线(不可见轮廓线)和左视图两条粗实线(可见轮廓线),如图 1 - 55(c);长方体上切去形体Ⅲ后形成槽Ⅲ,应补画其主视图一条虚线 $5'a'$ 和 $6'b'$(重影)以及水平投影 5a、6b。斜面 P 的形状比较

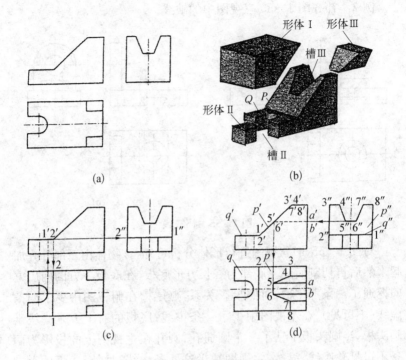

图 1-56　补画视图中的缺线

复杂,可用线面分析法进行检查,斜面 P 是一个正垂面,由八段直线围成,在主视图上积聚为一条直线 p',水平投影 $p(1、2、3、4、5、6、7、8)$ 和侧面投影 $p''(1''、2''、3''、4''、5''、6''、7''、8'')$ 为类似形的平面图形,如图 1-55(d)。

4. 识读组合体的尺寸标注

组合体的视图只能表达组合体的结构形状,其大小是由尺寸来确定的。所以标注尺寸必须做到准确、完整、清晰和合理。准确是指所标注的尺寸符合国家标准规定(GB/T 4458.4—2003);完整是指要求所标注各类尺寸应齐全,不遗漏也不重复;清晰是指所标尺寸安排清楚、恰当、不模糊;合理是指所标注尺寸既要符合设计要求又要符合工艺要求。了解这些要求,使我们在识读尺寸时更为便捷无误。

标注尺寸均应从尺寸基准注起,称尺寸基准,尺寸基准是度量尺寸的起始点,它可分为长度方向、宽度方向和高度方向尺寸基准,常用的尺寸基准有面基准(如重要的底面、端面等平面)、线基准(如轴线、对称中心线等)和点基准(如凸轮各圆弧的圆心等)。

根据尺寸在视图中的作用,可分为三类:

定形尺寸——确定物体形状大小的尺寸,也称大小尺寸;

定位尺寸——确定物体相对位置的尺寸,也称位置尺寸;

总体尺寸——确定物体总长、总宽、总高的尺寸,也称轮廓尺寸。

图 1-57 为基本体的尺寸标注。基本体仅需从长、宽、高三个方向标注定形尺寸。对于柱、锥、棱台和圆台,应标注底面尺寸和两底面的距离,或锥顶至底面间的距离。

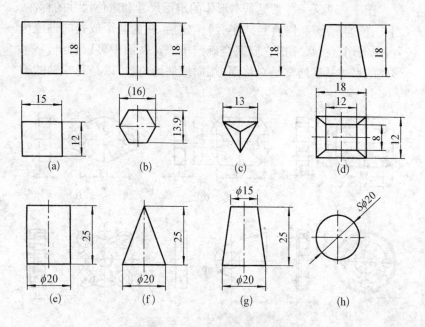

图 1-57 基本体的尺寸标注

图 1-58 为带切口基本体的尺寸标注。除标出基本体的尺寸外，还应标出切口的位置尺寸（图中带框尺寸），截交线不标尺寸。

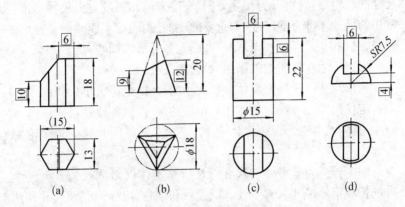

图 1-58　带切口基本体的尺寸标注

图 1-59 又一种常见基本形体的定形尺寸和定位尺寸的标注。当孔、槽的定形尺寸（直径或半径）确定后，孔的间距或孔的轴线位置，也需用定位尺寸把它们完全确定下来。从图中可以看出，基本形体的尺寸基准通常是对称面、端面或底面，也可以是孔或轴的轴

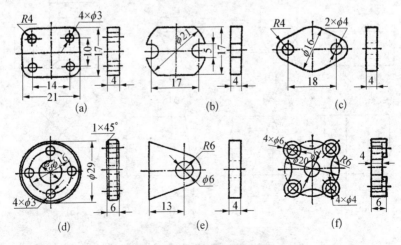

图 1-59　常见的基本形体的尺寸标注

心线,定位尺寸在图 1-59(a)中尺寸 14 和 10、(b)中尺寸 17、(c)中尺寸 18、(d)中尺寸 $\phi16$、(e)中尺寸 13 以及(f)中尺寸 $\phi20$。

图 1-60 所示为相贯体的尺寸标注。带相贯线的组合体标注定形尺寸和定位尺寸,相贯线不标注尺寸。图中数字带框的尺寸,既是定形尺寸,也是定位尺寸。

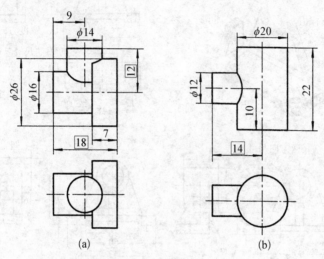

(a)   (b)

图 1-60 相贯体的尺寸标注

例 识读轴承座尺寸标注。

如图 1-61 为轴承座的三视图及其尺寸标注。识读这类组合体尺寸的方法,也可用形体分析法,该轴承座由底板、支撑板、肋板和圆筒四个部分组成,如图 1-61(a)所示;以底面作为高度方向基准,左右对称面作为长度方向基准,支撑板背面作为宽度方向基准来标注尺寸。那么底板的定形尺寸为 60、36、22、6 和 2 以及 $2\times\phi6$、$R6$,底板的定位尺寸 48 和 16(确定 $2\times\phi6$ 两圆孔的位置)如图 1-61(b);圆筒的定形尺寸是 $\phi14$、$\phi22$、24,定位尺寸 32(定圆筒中心线距底面的位置)和 6(定圆筒距支撑板背面的位置)如图 1-61(c);支撑板的定形尺寸是 42、6、半圆弧 $R11$(该尺寸与 $\phi22$ 重复,不必注出),半圆弧的定位尺寸 32(半圆弧中心距底面为 32)和肋板定形尺

寸是 6、13、定位尺寸 2 等以及该轴承座的总体尺寸长为 60、宽为 22
＋6、高为 32＋11,如图 1－61(d)所示。

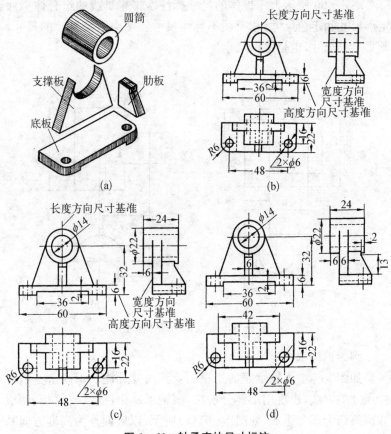

图 1－61　轴承座的尺寸标注

···[··· 本章小结和注意事项 ···]···

1. 正投影法是将物体置于观察者和投影面之间,用互相平行
并垂直于投影面的投射线向投影面进行投射的一种投影方法,它是
绘制图样的基本原理,也是识读图样的基本方法;

2. 要掌握线、面投影的特性，即"直线平行于投影面，投影面上实长显、直线垂直于投影面，投影面上成一点、直线倾斜于投影面，投影面上线缩短"以及"平面平行于投影面，投影面上实形显、平面垂直于投影面，投影面上成直线，平面倾斜于投影面，投影面上往窄变（类似形）。"要了解正平面、水平面、侧平面和正垂面、铅垂面、侧垂面等几个概念；

3. 物体置于三面投影体系中，向三个投影面投射，得到主视图、俯视图和左视图，必须牢记这三个视图间的"三等"投影规律，即"长对正、高平齐、宽相等"，它是分析视图、看懂视图的基础；

4. 要熟悉基本体和组合体的三视图，并运用形体分析法和线面分析法来识读视图，牢记"看视图抓特征、分析投影想形体、线面分析攻难点、综合起来想整体"的识读三视图的方法和步骤，进一步领会和巩固"三等"投影规律；

5. 应特别注意例题的题解以及通过自行复习、自做习题来深化和熟记所学知识，为识读零件图和装配图打下坚实的基础。

┈[┉ 复 习 思 考 题 ┉]┈

1-1 要识读并看懂机械图样，必须具备哪些基本知识？

1-2 常用的图线有几种？各有什么用途？图线的宽度有几种？

1-3 优先采用的图纸有几种幅面？各相邻幅面的面积大小相差几倍？长边与短边间是什么常数关系？

1-4 什么是绘图的比例？什么是原值、放大和缩小的比例？识读比例时应注意哪几点？

1-5 识读图样上的尺寸应注意哪几点？

1-6 什么叫正投影法？直线和平面的投影有什么特征？

1-7 三视图有什么样的投影规律？

1-8 什么叫截交线、相贯线和过渡线？各有什么特征？

1-9 图1-62所示，根据立体图指出相应的三视图，把立体图上的编号填在相应的三视图的（　　）内。

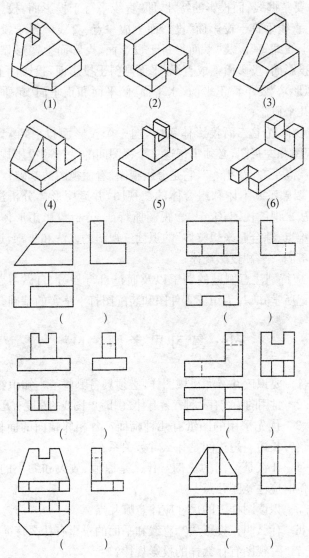

图 1-62(题 1-9)

1-10 图 1-63 所示,根据三视图指出相应的立体图,把三视图上的编号填在相应的立体图( )内。

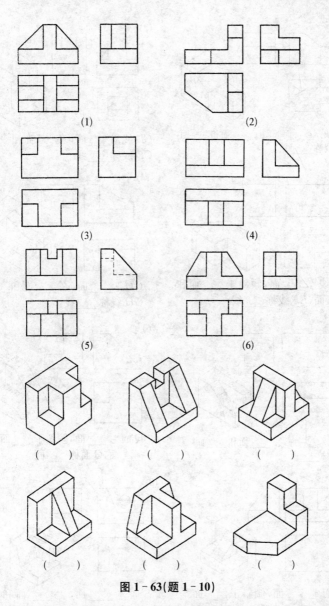

(1)

(2)

(3)

(4)

(5)

(6)

( ) ( ) ( )

( ) ( ) ( )

图 1-63(题 1-10)

1-11 图 1-64 所示,根据立体图补全三视图中所缺的线,并根据立体图中所指线或面完成三投影并填空。

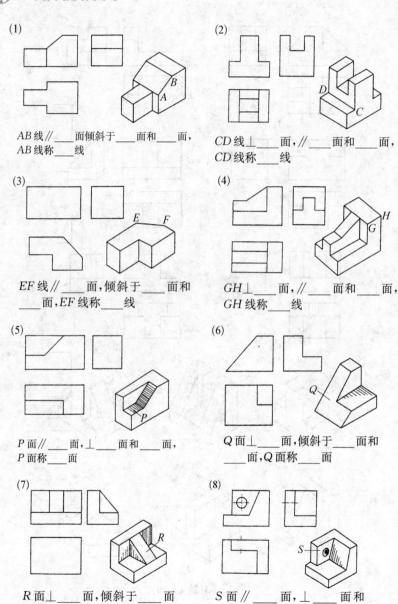

(1)

AB 线∥____面倾斜于____面和____面，
AB 线称____线

(2)

CD 线⊥____面，∥____面和____面，
CD 线称____线

(3)

EF 线∥____面，倾斜于____面和
____面，EF 线称____线

(4)

GH⊥____面，∥____面和____面，
GH 线称____线

(5)

P 面∥____面，⊥____面和____面，
P 称____面

(6)

Q 面⊥____面，倾斜于____面和
____面，Q 面称____面

(7)

R 面⊥____面，倾斜于____面
和____面，R 面称____面

(8)

S 面∥____面，⊥____面和
____面，S 面称____面

图 1-64(题 1-11)

1-12 图 1-65 所示,根据立体图的主、俯、左投射方向,对照立体图 *A*、*B*、*C*、*D* 将对应的主、俯、左视图的编号填入图表格中。

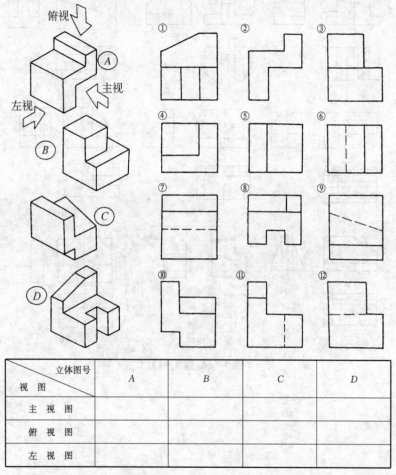

视 图＼立体图号	*A*	*B*	*C*	*D*
主 视 图				
俯 视 图				
左 视 图				

图 1-65(题 1-12)

1-13　图1-66所示,根据三视图想象其立体图。

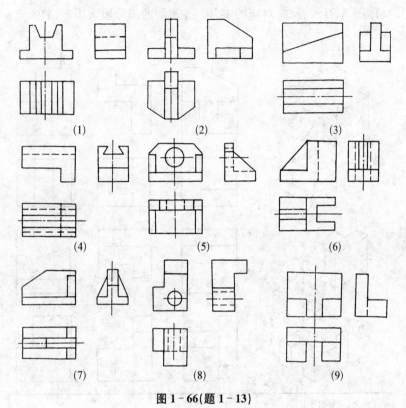

图1-66(题1-13)

第2章 识读视图、剖视图和断面图

1. 零件在六面投影体系中向投影面投影所得到的六个视图及其投影规律；斜视图和局部视图是对零件中特殊位置和局部位置表达的视图以及在识读时的注意事项；

2. 识读全剖视、半剖视和局部剖视以及注意事项；

3. 零件中有些结构采用断面图来表达，以及识读断面图的注意事项；

4. 国家标准中常用的一些规定表达方式。

在生产实践中，常有零件内部形状结构比较复杂，仅采用前面所讲的三视图往往还不能清楚地表达它们的结构，因此，国家标准（GB/T 17451—1998 和 GB/T 4458.1—2002）规定可用视图、剖视图、断面图以及规定画法来表达，绘制图样时必须严格遵守和正确应用，同样技术工人也应在识读图样时十分熟悉。

一、视图的识读

根据机械制图（视图）的国家标准（GB/T 4458.1—2002）的规定，视图分为基本视图、向视图、斜视图和局部视图等四种。

1. 基本视图

将零件置于正六面体组成的六面投影体系中，按正投影法，由前向后、由上向下、由左向右、由右向左、由下向上、由后向前向六个基本投影面进行投射分别得到主视图、俯视图、左视图、右视图、仰视图和后视图，如图2-1，这六个视图称为基本视图。六个基本视图的投影关系仍保持"三等"的对应关系：

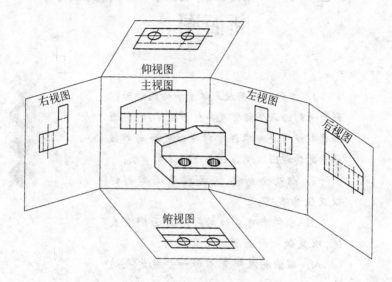

图2-1 六个基本视图的形成

主、俯、仰和后四个视图的"长相等"；
主、左、右和后的"高平齐"；
左、俯、右和仰的"宽相等"。
按国家标准规定展开并将视图按图2-2所示布置，一律不标注视图的名称。若将基本视图自由地布置在其他位置，称为向视图。向视图应标注投射方向（箭头和字母），在向视图上方标上相应的字母。未加标注的即是基本视图。

2. 斜视图和局部视图

当零件中有些结构与基本投影面倾斜时，在基本视图中就不能反映实形，如果设置一个与该零件倾斜部分平行的投影面，如图2-3(a)，设一个正垂面与零件倾斜结构平行，那么在这个正垂面的投

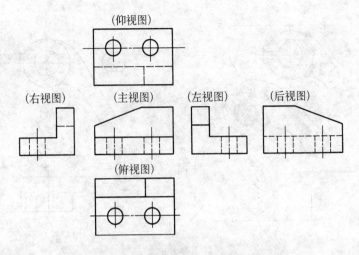

图 2 - 2 六个基本视图的配置

影面上就能得到该倾斜部分的真实投影。以压紧杆为例,这种将零件中某局部倾斜结构向不平行于任何基本投影面的新设投影面投射所得到的视图称为斜视图,并用波浪线断开,布置在投射位置,也可将斜视图旋转,如图 2 - 3(b)。局部视图是将零件中局部结构向基本投影面投射所得视图称为局部视图,以波浪线为界表示局部范围,如图 2 - 3(b)中 B 向视图,当结构完整,可不用波浪线断开,如图 2 - 3(b)中 C 向视图。显然局部视图是基本视图的一部分。

　　这样,像压紧杆结构并不复杂但形状特殊的零件,采用一个主视图(基本视图),一个斜视图(A 向)和两个局部视图(B 向、C 向)就能清晰合理地表达出该零件的形状结构特征。表达压紧杆的视图比较合理的布置如图 2 - 3(c)所示。

　　识读斜视图和局部视图时应注意三点:

　　① 根据斜视图和局部视图都必须标注的特点,在识图时应先寻找带字母的箭头,分析所需表达的部位及投射方向,然后找出标有相同字母"X 向"的视图;

　　② 箭头的投射方向在图中如果是水平或垂直的,画出的是局

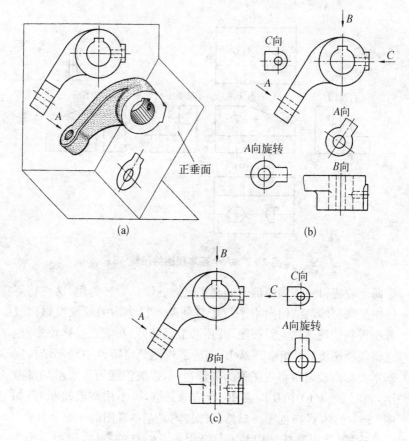

图 2‑3 压紧杆的斜视图和局部视图

部视图,箭头的投射方向在图中如果是倾斜的,画出的是斜视图;

③ 斜视图通常放在按箭头所指的方向,有时为了便于布图,将斜视图转正画出,但在斜视图上方要标注"旋转"两字。

3. 局部放大图

零件上有些细小结构,在视图中可能表达不够清楚,又不便于标注尺寸,对零件中这部分结构采用大于原图所采用的比例绘制,这个图形称为局部放大图。如图 2‑4(a)Ⅰ、Ⅱ和(b)。

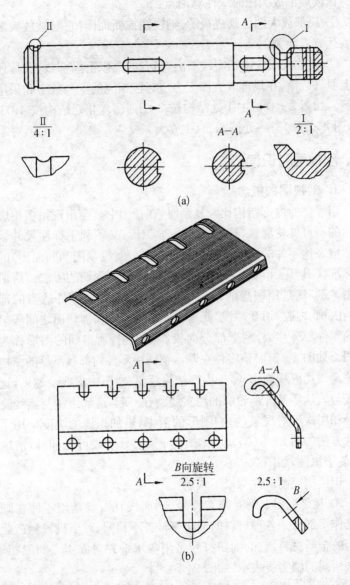

图 2-4 局部放大图

识读局部放大图时应注意两点：

① 局部放大图可画成视图、剖视图或断面图，它与被放大部分的表达方式无关。

② 被放大部位用细实线圈出，当有两处以上局部放大时，还应标上罗马数字，在局部放大图上方应标注相应的罗马数字和采用的比例。如图 2-4(a)中Ⅰ处结构按 2：1 放大，Ⅱ处结构按 4：1 放大，图 2-4(b)有一处按 2.5：1 放大。

二、剖视图的识读

1. 剖视图的概念

当零件的内部结构比较复杂时，在视图中就会出现很多用虚线表达的不可见轮廓线，这样既不利于识读，又不利于标注尺寸。为清晰地表达零件的内部结构，根据机械制图（剖视图和断面图）的国家标准(GB/T 4458.6—2002)的规定，可采用剖切的方法。所谓剖视图，"剖"就是用假想的剖切面（平面或曲面）在零件适当的部位（如孔、槽、内腔）切开，"视"就是将处于观察者和剖切面之间假想切下的零件部分移去，剩下部分向投影面投射，所得到的图形称为剖视图。如图 2-5(a)该零件在基本视图中零件内部看不见的结构形状轮廓线用虚线画出，零件内部结构越复杂，图中虚线会越多，这些虚线与表达零件外形轮廓的粗实线画在一起，造成虚线与实线交错重叠和层次不清现象，影响图形的清晰，增加识读的难度。用了剖视的方法如图 2-5(b)，使原来不可见部分变成可见部分，清晰明了，便于识读，如图 2-5(c)。

识读剖视图应注意以下六点：

① 凡是视图上画有剖切符号（剖面线）的，就是该零件在画图时已作了剖切。各种材料的剖切符号各不相同，对于机械制造业中常用的金属材料，它的剖切符号是用与水平方向成 45°、间隔相等、方向相同的细实线表示，如图 2-5(c)；

② 凡是剖视图一般都作了标注，也就是在剖视图上方用字母"A-A"、"B-B"等形式标注出剖视图的名称，并在相应的视图上

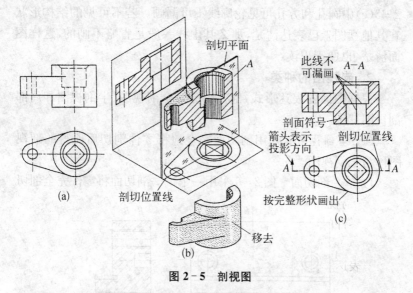

图2-5 剖视图

用短粗实线、细实线和箭头表示剖切位置和投射方向,并在其旁注上相同的字母,如图2-5(c);

③ 剖视图是假想用剖切面把零件切开而得来的,实际的零件并没有缺少一块。所以一个视图采用剖切后,其他视图不受影响,仍按完整零件画出。如图2-5(b)主视图作了剖视而俯视图仍按没有剖切的完整零件形状画出;

④ 剖视图可根据剖面线来区分零件哪一部分是实体,哪一部分是空的。凡画有剖面线的就是零件实体部分,没有画剖面线的则是零件空心部分,如图2-5(b)(c)主视图上画上剖面线的是剖切面与零件实体相接触的实体,没有画剖面线的则是不与剖切面相接触的空心部分(圆孔、方孔);

⑤ 识读剖视图时,应先找到剖切位置,再由标注的字母找到相应的剖视图。如果剖视图中没有任何标注,那就是该剖视图是通过零件的对称平面进行剖切后画出的,如图2-5(c)的剖切标注 A-A 等可以省略;

⑥ 剖视图中剖切面后方的可见部分轮廓线应全部画出,如图

2-5(c)中圆孔和方孔可见轮廓线不可漏画。若不可见的结构形状在其他视图上已表达清楚,那么其虚线一般是省略不画的,这样图面清楚,也便于识读。

2. 剖视图的种类

根据图面的表达形式,剖视图分为全剖视图、半剖视图和局部剖视图三种。

(1) 全剖视图　凡用剖切面完全地将零件剖切后所得的剖视图称为全剖视图。

1) 单一剖切面　图2-6采用一个单一剖切面将零件完全剖切

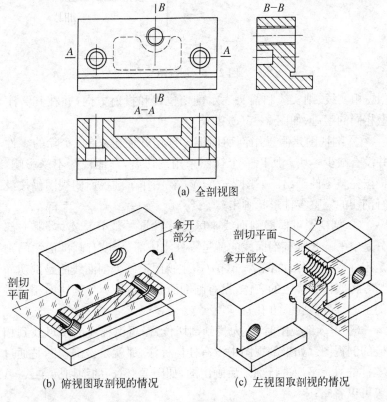

(a) 全剖视图

(b) 俯视图取剖视的情况　　(c) 左视图取剖视的情况

图2-6　全剖视图投影分析

后向投影面投射得到的全剖视图。如俯视图采用标注为 A 的剖切面将零件完全切开,左视图采用标注为 B 的剖切面将零件完全切开,分别得到 A-A 和 B-B 全剖视图。这种全剖视图可通过剖切位置线和相应的标注找出相应的剖视图,再对剖视图的投影进行分析,搞清楚零件的内外形状和结构。

图 2-7(a)是另一种单一剖切面的全剖视图,采用不平行于基本投影面的剖切面 B 将零件上倾斜部分的结构完全切开,再投射到与剖切面平行的投影面上所得到的图形也称全剖视图,如图 2-7(b)的 B-B。识读这种全剖视图应先找出剖切位置、投射方向,再按投影关系找出对应的全剖视图,这种倾斜结构的全剖视图也可转正画出图 2-7(c),但必须标注"旋转"两字,识读时应加以注意(A向为局部视图)。

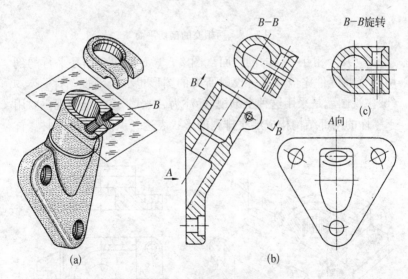

图 2-7 倾斜剖切平面

2) 几个相交剖切面 图 2-8(a)为用两个相交的剖切面 A(交线垂直于基本投影面)完全切开零件后投射所得到的主视图 A-A,图 2-8(b)就是全剖视图。这种全剖视主要用于盘盖类零件或非回转体零件的结构形状表达。识读这种全剖视要按剖切位置和投射方向，找出相应的剖视图，要特别注意倾斜剖切面将切到的零件部分旋转到与基本投影面平行后再投射而得到的剖视图。

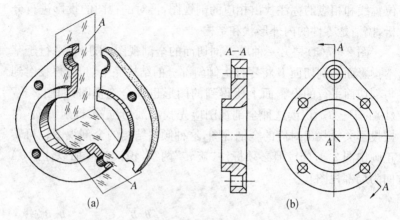

(a)　　　　　　　　　　(b)

图 2-8　两相交的剖切平面

3）几个相互平行的剖切面　图 2-9(a)用两个相互平行的剖切面 A 将零件完全切开后投射所得的图形也称全剖视图，图 2-9(b)主视图就是采用这种全剖视，标注为 $A-A$。这种全剖视主要用于零件的内部结构构成层次排列的形状表达。识读这种全剖视，首

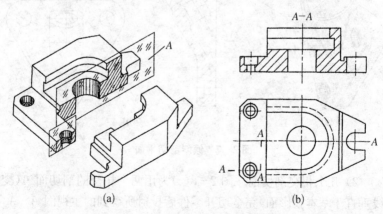

(a)　　　　　　　　　　(b)

图 2-9　几个平行的剖切平面

先要分析剖切面的剖切位置和投射方向,再按投影关系想象出零件内部形状。剖切面转折处在剖视图中规定不画轮廓线。图2-10列举平行剖切面的全剖视所出现的几种错误表达方式,识读时应予注意。

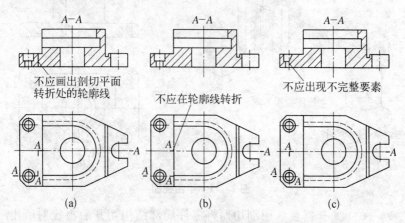

图2-10 采用平行剖切方法画剖视图的错误表达方式

(2)半剖视 当零件只有对称平面时,可在垂直于对称平面的投影面上,以细点划线为界,一半画成剖视图,一半画成视图,这种组合的图形,称为半剖视图。如图2-11(a)零件上对称中心线的右边采用剖切,左边采用视图,那么这张主视图就是半剖视图。俯视图上对称中心线前边采用剖切,后边采用视图,所以俯视图也是半剖视图。半剖视图适用于内、外形状均需表达并对称(或基本对称)的零件。如图2-11(b)在主视图中,零件前面的凸台外形要保留,在俯视图中,顶板的形状要表达,两个视图都对称,又都要表达内部的孔形状,所以都画成半剖视图。

识读半剖视图应注意两点:

① 凡作半剖视的零件一般是对称结构的零件,并以对称中心线为界,可作出零件外形和内形分析;

② 可根据剖切位置和字母等标注,找到对应的半剖视图。凡剖切面与对称面重合的半剖视可不标注,如图2-11(b)主视图。

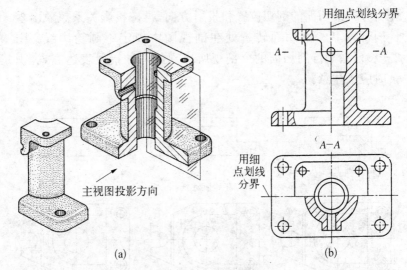

(a)

(b)

图 2-11 半剖视图

（3）局部剖视 用剖切面将零件局部结构切开后再投射所得到的图形，称局部剖视图，如 2-11(b)的主视图（半剖视图）左边上、下通孔；图 2-12(a)主视图主要保留右边外形结构，而左侧采用局部剖视来表达内腔和长方孔形状，以波浪线为界；俯视图主要表达外形结构，而右边上方凸台和圆孔采用了局部剖视。局部剖视一般用于表达零件上局部的不可见内部结构，如孔、槽等。图 2-13 列举了局部剖视中波浪线的错误表达方式，在识读时以免误读。

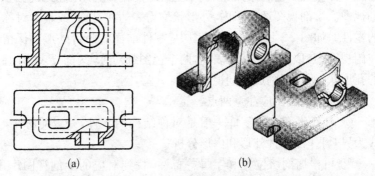

(a)

(b)

图 2-12 局部剖视图

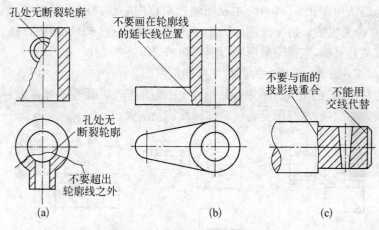

图 2 - 13 波浪线的错误表达方式

识读局部剖视时可根据波浪线分清剖视和视图,再根据投影关系判断出所表达的局部结构的位置和形状。

(4) 几种常见结构的剖视图识读

1) 图 2-14 为各种底板的剖视图,图中(a)(b)的主视图采用了局部剖视来表达底板上孔的内部形状,并以波浪线为界表示这部分

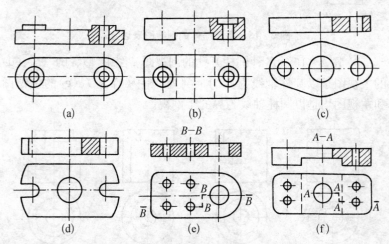

图 2 - 14 各种底板的剖视图表达方式

局部结构;图中(c)(d)的主视图通过对称中心线采用了半剖视;图中(e)主视图采用平行剖切面 B 剖切的全剖视(B-B);图中(f)底板左右对称,主视图采用平行剖切面 A 剖切的半剖视(A-A)。

2) 图 2-15 所示为各种座体的剖视图。图中(a)、(b)、(c)、(d)的左视图为全剖视;图中(e)、(f)的主视图是剖切面通过对称中心线的半剖视,左视图是通过对称轴线的全剖视。

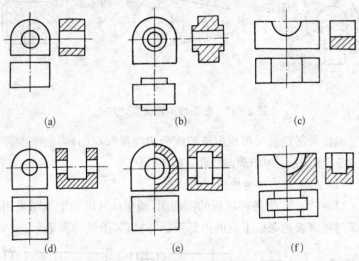

(a)   (b)   (c)

(d)   (e)   (f)

图 2-15　各种座体的剖视图表达方式

3) 图 2-16 为各种圆柱开孔的剖视图。图中(a)、(b)、(c)、(d)的主视图是以圆柱轴线为界的半剖视;图中(e)、(f)、(g)的主视图和左视图均是以圆柱轴线为界的半剖视。

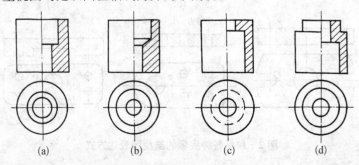

(a)   (b)   (c)   (d)

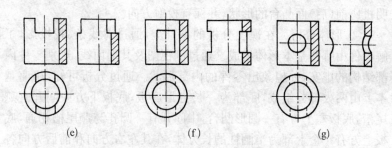

(e)   (f)   (g)

图 2 - 16   各种圆柱开孔的剖视图表达方式

3. 剖视图的识读

前面所讲识读视图的方法同样适用于识读剖视图。下面通过三个图例来说明识读剖视图的步骤和方法。

例 1   图 2 - 17(a)为表达机座的一组图形：

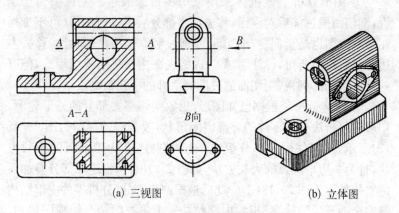

(a) 三视图   (b) 立体图

图 2 - 17   机座的图形表达

① 图形分析   机座用了四个图形来表达。主视图采用剖切面通过对称中心平面的全剖视，以此表达机座内部结构形状（省略一切标注）；俯视图采用剖切面 A 的全剖视，以此表达横向的一个通孔和前、后面上的四个小孔（剖切面 A 不通过对称面，所以要标注剖切位置并在剖视图上方标注 A - A，但可略去表示投射方向的箭头）；左视图主要反映外形，采用视图形式；B 向局部视图是为了表

明机座前(后)面凸台的形状,并标有投射方向。

② 形体分析 在视图分析的基础上,通过对线条、找投影,了解零件由哪些基本形体组成。通过剖视图及其剖面线,辨别零件内部结构的虚实,并想象出零件的内部形状。通过分析可知,机座基本上由两大部分组成,底部为一长方形底板,底板下方中间开有燕尾槽,底板左上方有一圆形凸台,中间开有一圆孔与燕尾槽相通,底板上方有一个上部为半圆柱的长方体,在其左右方向和前后方向各开有一个通孔,再从主视图上看,这两个孔是相通的。在机座的前、后面上各有一个椭圆形凸台,凸台两端各开两个小孔。

③ 想象整体 经过以上分析,就能想象出机座的整体形状和内部结构,建立起该机座的立体感念,如图 2-17(b)立体图。

例2 图 2-18(a)为表达机体的一组图形。

① 图形分析 该机体采用三个图形来表达。主视图为全剖视,剖切面通过前后对称面,移去前半部分后再投射所得(可不加标注);左视图也是全剖视,剖切面 A 通过竖立圆筒柱体轴线,移去左边部分后投射所得,标注为 A-A;俯视图主要采用视图形式,但有一处采用局部剖视,剖切面通过圆筒后部的小孔轴线。

② 形体分析 根据已知图形,想象剖切移去部分的外形轮廓,用形体分析法分析零件的外部空间形状,改画后的视图为图 2-18(b)所示,该零件由三部分组成:Ⅰ为圆柱,Ⅱ为带圆弧的小长方块,Ⅲ为一边带圆弧的大长方块,如图 2-18(c),由这三部分叠加后的整体外形为图 2-18(d)。此后根据剖视部分,分析零件内部结构被完全剖开后的轮廓,想象内部结构。由主视图结合俯视图可知,Ⅰ中间有上下穿通的竖直孔,后有一贯通的小孔,从剖视图 A-A 看,Ⅰ前面有一处空结构,与后面小孔相贯线比较,可看出这一结构为半圆形的槽,Ⅰ左部有一槽,连到Ⅱ的小孔上,槽宽与孔直径相同,Ⅱ上的小孔上下穿通,Ⅲ左右有圆弧形槽,中间有圆孔,小孔与Ⅰ、Ⅱ对应,如图 2-18(e)。

③ 想象整体 经过上面一系列分析,可逐步想象出该机体整体形状,建立空间概念,如图 2-18(f)。

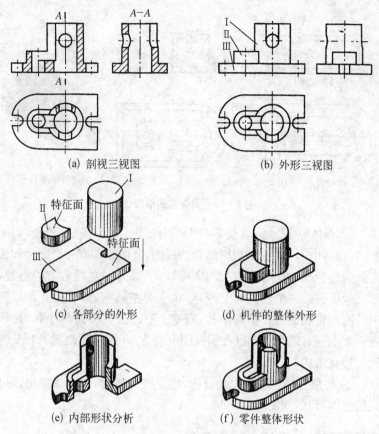

(a) 剖视三视图　　　　　　(b) 外形三视图

特征面　Ⅰ

Ⅱ

Ⅲ

特征面

(c) 各部分的外形　　　　　(d) 机件的整体外形

(e) 内部形状分析　　　　　(f) 零件整体形状

图 2‑18　机体的图形表达

例 3　图 2‑19(a)为表达机壳零件的一组图形。

① **图形分析**　该机壳采用五个图形来表达：主视图为全剖视，采用相交的剖切面 B 将零件剖开，移去前面部分并旋转后向正立面投射所得，标注为 B‑B；俯视图主要采用视图形式表达外形，但有一处采用局部剖视表达内腔后壁凸台及小孔结构，用波浪线分界；左视图为全剖视，采用剖切面 C 通过顶圆凸台和后壁圆凸台的轴线，标注为 C‑C；向视图 D 由下向上投射所得，表达机壳下部形状；此外还有一处局部剖视 A‑A，表达底板上的小孔。

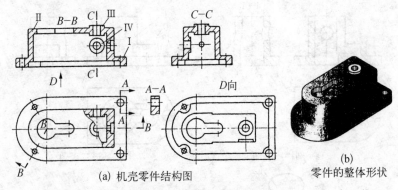

(a) 机壳零件结构图　　　　(b) 零件的整体形状

图 2-19　机壳的图形表达

② 形体分析　将机壳零件分为Ⅰ、Ⅱ、Ⅲ、Ⅳ四个部分,如图 2-19(a),由 $B-B$ 全剖视图结合俯视图,Ⅱ的顶部有一个圆形和长方形的组合孔,再联系向视图 D 可知,下部有一左圆右方的空腔,至底板Ⅰ再接一个较大的空腔,形状也为左圆右方;顶板Ⅱ和后壁上的圆台Ⅲ和圆台Ⅳ都有小孔,右壁上有一圆柱形阶梯小孔;此外底板Ⅰ上还有四个小孔已在俯视图上表达,并用局部剖视 $A-A$ 表达右边孔结构。

③ 想象整体　根据上面分析,建立空间概念,可以想象出该机壳的整体形状,如图 2-19(b)。

三、断面图的识读

1. 断面图的概念

用假想的剖切面将零件的某处结构切断,只画出其断面的真实形状,这种图形称断面图。如图 2-20(a)为一根轴,轴由大小不同的圆柱体组成,通常用一个主视图来表达。但该轴上有槽和孔,为清楚表达轴类零件左端键槽的深度和右端小孔是否直通,可用两个剖切面将该轴两处结构切断,画出断面形状,如图 2-20(b),可知键槽深度和直通小孔,断面图相对于剖视图更为简洁。从图 2-20(c)可看出,左边图形为断面图,断面图仅画出零件的截断面轮廓,而右边图形为剖视图,要将截断后将断面及其后面的其他可见轮廓一并画出。断面图常用来表达零件上的槽、孔、轮辐和肋板等局部的断面形状。

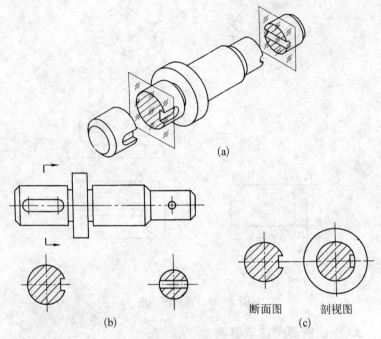

(a)

(b)   断面图   剖视图   (c)

图 2-20 断面图

2. 断面图种类

断面有移出断面图和重合断面图两种:

(1)移出断面图——画在视图之外,用粗实线画出它的断面轮廓线,并画出剖面线,一般画在剖切位置的延长线上,如图2-20(b)轴右端通孔;断面图画在剖切延长线上但图形不对称的,要标注剖切位置和投射方向的箭头等,如图2-20(b)左端键槽。

(2)重合断面图——画在视图内,用细实线画出的断面轮廓线,并画出剖面线,这样断面图和视图可明确区分。如图2-21为重合断面图,均画在视图内。

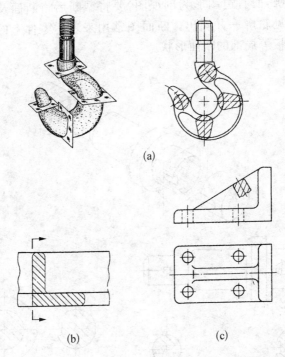

(a)

(b)   (c)

图 2-21　重合断面图

3. 识读断面图注意事项

（1）应从剖切位置及所标注的字母着手找到相应的断面图。凡断面图画在剖切位置延长线上的对称断面，不加标注，而不在剖切位置延长线上的应加标注字母，不对称断面的剖切位置符号上应标注方向箭头，如图 2-20(b)。

（2）当剖切面通过回转面形成的孔或凹坑的轴线时，其断面按剖视画出，也就是将轮廓线连起来，如图 2-22(a)(b)。

（3）当剖切面通过非圆孔，会导致出现完全分离的两个断面时，这些结构也按剖视画出，也就是轮廓线连起来，如图 2-22(c)。

（4）对于具有倾斜面的零件，可用两个剖切面切开，此时所得到的断面中间是断开的，如图 2-22(d)。

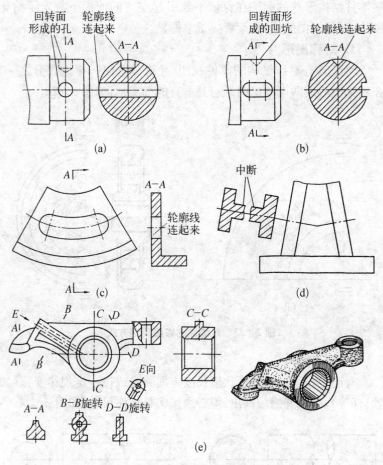

图 2-22 断面图的规定表达方式

（5）移出断面图可画在适当位置上，但必有标注，对于倾斜的断面还允许旋转转正，如图 2-22(e)。

四、简化表达方式的识读

国家标准除了对视图、剖视图、断面图的画法作了规定外，还根据技术制图（简化表示法）的国家标准（GB/T 16675.1—1996）对某些零件结构形状的画法在保证不致引起误解的前提下规定了简化画法,以便画图简便,识读者应予掌握。

1. 对称图形

对于具有对称结构的零件视图,允许只画出一半或四分之一,在对称中心线两端画出两条与其垂直的细实线,如图2-23。

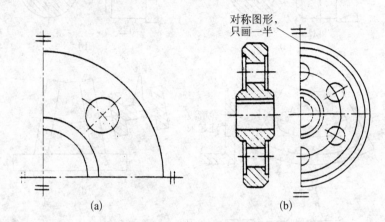

对称图形,
只画一半

(a)   (b)

图 2-23 对称件的省略表达方式

2. 较长零件

对于较长零件且其形状沿长度方向一致或按一定规律变化(如轴、杆等),可断开缩短画出,但必须按实长标注尺寸,如图2-24。

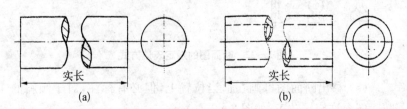

实长   实长

(a)   (b)

图 2-24 较长零件缩短表达方式

3. 肋、轮辐

对于零件上的肋、轮辐、薄壁、实心轴和紧固件等,若剖切面通过这些结构的基本对称面时,这些结构不画剖面线,而用粗实线将肋和轮辐等与其邻接部分分开。均匀分布的轮辐,不论是对称还是不对称,在剖视图中均按对称形式画出,如图2-25。肋板的剖视图画法如图2-26。

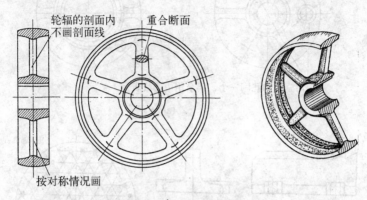

图2-25 轮辐的剖视图表达方式

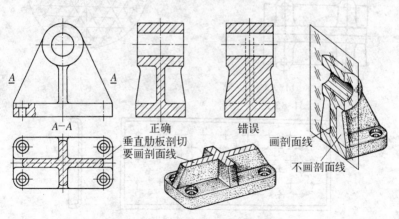

图2-26 肋板的剖视图表达方式

4. 相同要素

当零件上有若干相同的结构要素(如孔、槽、齿等)并按一定规律分布时,只需画出一个或几个完整的结构要素,其余可用细实线连接或画出其中心位置,但必须注明该结构要素的总数,如图2-27。

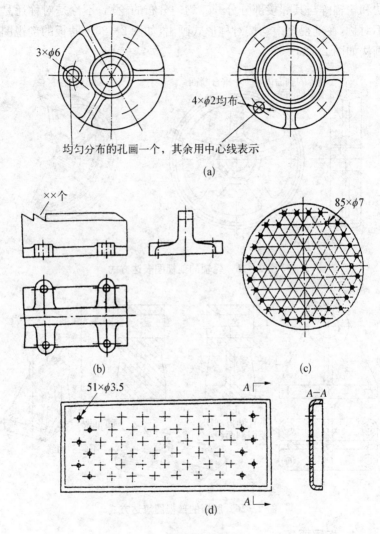

3×φ6

4×φ2均布

均匀分布的孔画一个，其余用中心线表示

(a)

××个

85×φ7

(b)

(c)

51×φ3.5

A

A—A

A

(d)

图 2-27 相同结构要素的表达方式

5. 平面结构

零件上的平面结构在图形中不能充分表达时，可用平面符号（两条相交的细实线）表示，如图 2-28。

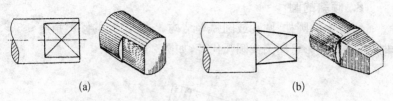

(a)   (b)

图 2‑28   平面符号

6. 小圆角、小倒角

零件上的小圆角、锐边小倒角和小倒圆等结构,允许省略不画,但需注明尺寸或在技术要求中加以说明,如图 2‑29。

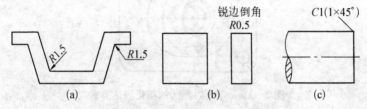

图 2‑29   倒角、倒圆的简化表达方式

7. 孔、槽交线

在圆柱体上因钻孔、铣槽等形成的交线投影允许省略,用直线代替,但必须有一个视图清楚地表达孔、槽的形状,如图 2‑30。

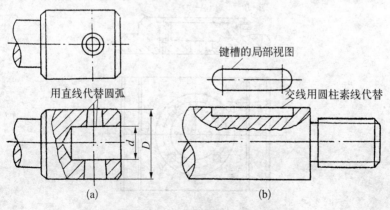

图 2‑30   交线的简化表达方式

8. 倾斜的圆

零件上的圆柱、圆孔或圆弧等结构,与投影面的倾斜角度≤30°时,其对应投影可用圆或圆弧代替,如图2-31。

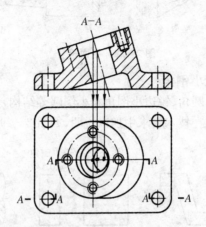

图2-31 ≤30°时椭圆的简化表达方式

9. 剖中剖

零件经剖切后仍有部分内部结构未表达清楚,为省略图形,允许在剖视图中再作一次局部剖视,但要注明剖切位置、投射方向等,如图2-32。

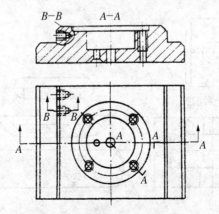

图2-32 剖视图中再作一次局部剖视

10. 滚花

零件上的滚花结构,可以在轮廓线附近用细实线示意地画出一小部分,并在图上或技术要求中注明具体要求,如图2-33。

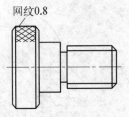

图 2-33　滚花的简化表达方式

五、各国图样表达异同简介

各国在图样的表达上各有异同,在此仅对机件放置分角的画法作概略介绍,供读者参考。

各国均采用正投影法绘制图样,但有的采用第一分角画法,有的采用第三分角画法。如图 2-34(a)相互垂直的三个平面将空间分成八个分角(Ⅰ、Ⅱ、Ⅲ、…、Ⅷ)。第一分角画法是将机件置于第一分角内,即将机件置于观察者与投影面之间,从投射方向看是按

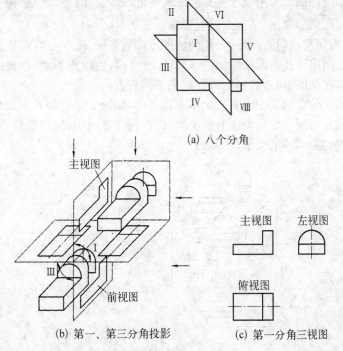

(a) 八个分角

(b) 第一、第三分角投影　　(c) 第一分角三视图

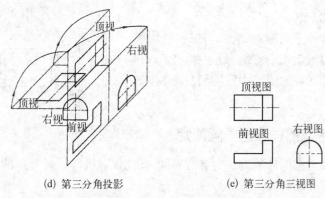

(d) 第三分角投影　　　　　(e) 第三分角三视图

图 2－34　第一、第三分角画法比较

人—物—投影面的关系进行正投影；第三分角画法是将机件置于第三分角内，即将机件放在观察者和投影面之后，从投射方向看，是按人—投影面—物的关系进行正投影，如图 2－34(b)。机件放在第一分角中得到的三视图是主视图、俯视图和左视图，而第三分角得到的三视图是前视图(从前向后投射)、顶视图(从上向下投射)和右视图(从右向左投射)。第一分角画法图形配置如图 2－34(c)，第三分角投影面展开及图形配置如图 2－34(d)、(e)，前视图不动，顶视图放在前视图的上方，右视图放在前视图的右方。

　　第三分角画法中也有六个基本投影面，如图 2－35，展开方法和视图配置与第一分角画法有所不同，但各视图之间仍符合"长对正、高平齐、宽相等"的投影规律。

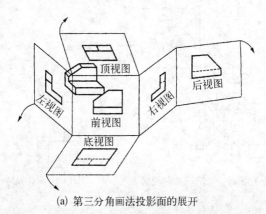

　　　　(a) 第三分角画法投影面的展开

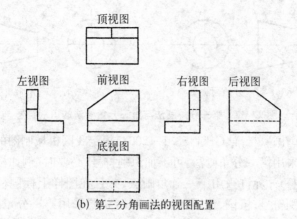

(b) 第三分角画法的视图配置

图 2 - 35　第三分角基本视图

　　第一分角画法和第三分角画法有着明显的对应关系,如图 2 - 36(a)是按第一分角画法的组合体三视图;如果将主视图看成前视图,将俯视图置于前视图上方,画一右视图放在前视图右方,就变成如图 2 - 36(b)的第三分角的三视图了。可见,熟练掌握第一分角画法,便容易按对应关系理解第三分角的画法。

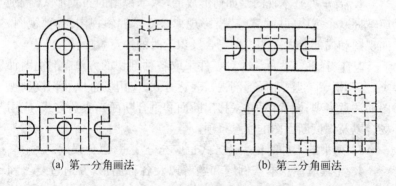

(a) 第一分角画法　　　　　　　(b) 第三分角画法

图 2 - 36　不同分角画法的对应关系

　　在国际标准(ISO)中规定,可以采用第一分角画法也可采用第三分角画法来表达机件的投影关系进行绘制图样。但为了区别两种画法,规定在标题栏内用一个识别符号表示,如图 2 - 37。

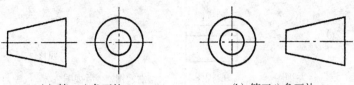

(a) 第一分角画法　　　　　　　　(b) 第三分角画法

图 2 - 37　第一分角画法与第三分角画法的识别符号

中国国家标准(GB 4458.1—2002)规定我国机械制图的投影画法优先采用第一分角画法,可不加识别符号;必要时(例如按外商合同规定等)才允许采用第三分角画法,并且在图样上标题栏或附近画出识别符号;俄国、德国、法国与中国相同采用第一分角画法;美国、加拿大、澳大利亚采用第三分角画法;日本规定采用第三分角画法,必要时也允许采用第一分角画法;英国规定采用第一分角画法,必要时也允许采用第三分角画法。

··[··· 本章小结和注意事项 ···]··

1. 要掌握基本视图是如何形成的,六个视图的布置形式,特别应掌握六个视图间的"三等"投影规律。要掌握斜视图、局部视图、向视图和局部放大图的应用场合及识读时的注意事项。

2. 应着重熟悉并掌握对零件采取各种剖切的方法:剖视图种类(全剖视、半剖视和局部剖视)、表达方式、应用场合以及识读剖视图的注意事项;断面图种类(移出断面和重合断面)、表达方式、应用场合以及识读断面图的注意事项。

3. 列举的十种简化表达方式也应充分注意,以免误读。

4. 尤其应注意本章例题和题解以及各种图形,并通过复习和习题来消化、巩固和掌握本章内容。

··[··· 复习思考题 ···]··

2-1　视图有＿＿＿＿、＿＿＿＿、＿＿＿＿和＿＿＿＿视图

等几种。

2-2 基本视图有_____个,分别叫_____、_____、_____、_____、_____和_____视图,这些视图按"国标"规定布置,一律不标注视图名称。

2-3 基本视图仍遵守三视图的投影规律,即_____视图应"长对正"、_____视图应"高平齐"、_____视图应"宽相等"。

2-4 剖视图可分为_____、_____和_____三种。

2-5 断面图分为_____断面和_____断面两种。_____断面画在视图轮廓的里面,用_____线画出,_____断面画在视图轮廓的外面,用_____线画出。

2-6 剖视图和断面图有什么相同和不同处?

2-7 识读斜视图、局部视图、局部放大图、剖视图、半剖视图、断面图时应注意哪几点?

2-8 补全图 2-38 剖视图中的漏线。

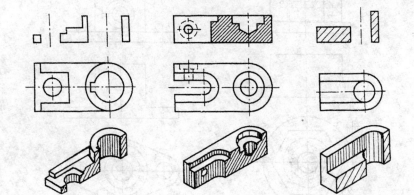

图 2-38(题 2-8)

2-9 将图 2-39 的主视图改画成全剖视图并标注剖切位置。

2-10 将图 2-40 的主视图改画成半剖视图并标注剖切位置。

2-11 将图 2-41 几处波浪线位置改成局部剖视。

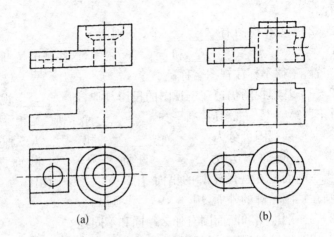

(a)

(b)

图 2 - 39(题 2 - 9)

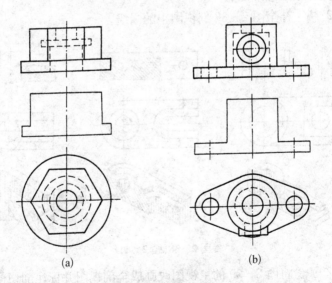

(a)

(b)

图 2 - 40(题 2 - 10)

2-12 在图 2-42 的断面图中找出 A-A、B-B 和 C-C 的正确断面图,在( )内打"✓"。

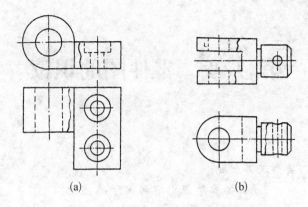

(a)   (b)

图 2 - 41(题 2 - 11)

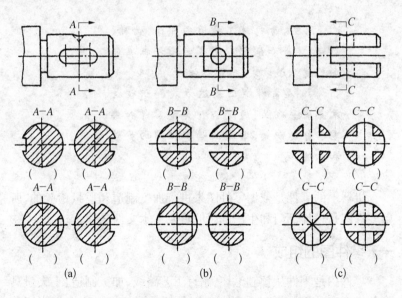

图 2 - 42(题 2 - 12)

第 *3* 章　零件图的识读

1. 了解零件图在机械加工中的重要性及其组成；

2. 识读零件图中有关尺寸公差配合、形状位置公差、加工表面粗糙度等技术要求，以及图样的内容和标记标注。

3. 熟悉机械工程中的螺纹、齿轮、键销、弹簧和滚动轴承等常用件标准件的规定表达方式、标记标注。

4. 在掌握视图表达方式和识读技术要求基础上，通过四种类型零件和典型零件的识读，掌握识读零件图的步骤和方法。

机器上的零件是依据零件图来进行加工制造和质量检验的，所以零件图是设计部门和生产部门的重要技术文件之一。

一、零件图的组成

零件图是零件从预制毛坯、制订工艺路线、加工制造、工夹量具准备直至产品检验等一系列生产流程的重要依据。所以一张完整的零件图，如图 3-1 所示，必须具备以下组成内容：

1. 一组图形——包括视图、剖视图、断面图等一系列图形，把零件的结构形状准确完整而又清晰地表达出来；

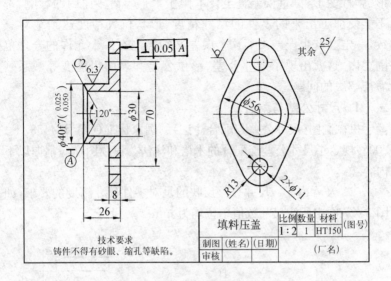

技术要求
铸件不得有砂眼、缩孔等缺陷。

图3-1 填料压盖零件图

2. 完整尺寸——应准确、完整、清晰和合理地标注出零件的必需尺寸,用于零件加工和检验;

3. 技术要求——表达零件的加工质量指标,表示该零件应达到的技术要求,如尺寸公差、形状位置公差、加工表面粗糙度以及热处理等其他附加条件;

4. 标题栏——表达零件图的基本资料,填写零件名称、材料、数量、绘图比例等各项内容。

所以要识读并看懂零件图,应具备零件图组成内容的一系列知识,也即应具备读懂零件图的基础知识。

二、零件图中的技术要求

在机械制造业中,为保证零件的装配、维修和配件的互换性,就必须使用同一规格的零件,这个零件的尺寸精度、几何形状位置精度、表面粗糙度等质量指标具有一致性。但无论采用何种精密的加工方法,由于机床、刀具、模具、量具、夹具以及工件热变形、弹性变形、测量误差直至技术操作水平等诸多原因的影响,都不能使加工出来的零件的尺寸精度、形状位置精度达到绝对一致,一定会产生误差。而这个误差必须控制在一个允许的合理范围之内,这就出现了尺寸公差、形位公差和表面粗糙度等一系列需待解决的问题。

1. 尺寸公差与配合

机械制图(尺寸公差与配合注法)的国家标准(GB/T 4458.5—2003)规定了尺寸公差与配合的术语和注法。识读图样应掌握以下内容:

(1)尺寸公差　尺寸公差反映的是对零件尺寸精度的要求,如图3-2,图中所注尺寸数值单位均为 mm。

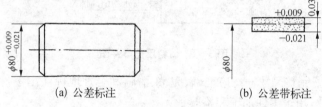

(a) 公差标注　　　　　(b) 公差带标注

图 3-2　尺寸公差

1)基本尺寸——根据零件在机器中位置、作用、受力情况设计给定的尺寸,它是确定零件的结构形状和确定公差与配合的基准尺寸,如图3-2的 $\phi80$。

2)极限尺寸——以基本尺寸为基数确定允许尺寸变化的两个界限值,两个界限值中较大的一个尺寸称为最大极限尺寸,较小的一个尺寸称为最小极限尺寸,那么该零件的最大极限尺寸为80.009(80+0.009),最小极限尺寸为 79.979(80-0.021),在两个界限值范围内的所有尺寸都被认为是允许的,合格的。反之超出两个界限值的所有尺寸都是不允许的,不合格的。

3)实际尺寸——零件加工后,要进行测量,在测量过程中也不可避免地会受到量具、测量误差等影响,但这些影响对实际尺寸存在的误差影响很小,所以以将最后通过测量所得的尺寸作为实际尺寸。当然实际尺寸必须介于两个极限尺寸之间才是合格的尺寸。

4) 尺寸偏差——极限尺寸减基本尺寸所得的差值称为尺寸极限偏差。那么最大极限尺寸减基本尺寸所得的差值称为上偏差，上偏差可能是正值、负值或零；最小极限尺寸减基本尺寸所得差值称为下偏差，下偏差可能是正值、负值或零。图 3-2 所示该零件的上偏差为 +0.009(80.009-80)，下偏差为 -0.021(79.979-80)。（上、下偏差值在表格中查得数值单位是 μm(微米)，1 μm=1/1 000 mm)。

5) 公差——最大极限尺寸减最小极限尺寸的差值或者上偏差减下偏差的差值称为公差，这个公差就是尺寸允许的变动量。图 3-2 中尺寸 ϕ80 的公差为 0.03 即 80.009 - 79.979 或 +0.009-(-0.021)。识读时值得注意的是，不要将公差与偏差两者混淆，不能将偏差说成公差，即不能将上偏差说成上公差，下偏差说成下公差，也不能说成正公差、负公差、零公差，公差值不能为零。

例 计算图 3-3 孔和轴的直径尺寸和长度尺寸。

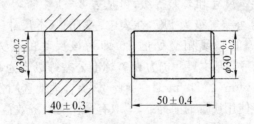

图 3-3 孔、轴基本尺寸示意图

孔的直径为 $\phi30^{+0.20}_{+0.10}$，长度为 40 ± 0.3——孔的直径基本尺寸为 $\phi30$，上偏差为 +0.20，下偏差为 +0.10，最大极限尺寸为 $\phi30.20$，最小极限尺寸为 $\phi30.1$，公差为 0.10；孔的长度基本尺寸为 40，最大极限尺寸为 40.30，最小极限尺寸为 39.70，上偏差为 +0.30，下偏差为 -0.30，公差为 0.60。

轴的直径为 $\phi30^{-0.10}_{-0.20}$,长度为 50 ± 0.4——轴的直径基本尺寸为 $\phi30$,上偏差为 -0.10,下偏差为 -0.20,最大极限尺寸为 $\phi29.90$,最小极限尺寸为 $\phi29.80$,公差为 0.1;轴的长度基本尺寸为 50,上偏差为 $+0.40$,下偏差为 -0.40,最大极限尺寸为 50.40,最小极限尺寸为 49.60,公差为 0.8。

6)公差等级 将确定尺寸精度的等级称为公差等级。公差等级共分为 20 级,分别用数字 01、0、1、2～18 表示,其中 01 级等级最高,以下从 0 至 18 顺次降低,即 18 级为最低。同时国家标准将尺寸公差加以标准化,称为标准公差。标准公差是根据基本尺寸大小和公差等级高低两个要素确定的。在基本尺寸相同的情况下,由公差等级的高低决定公差值的大小;在公差等级相同的情况下,由基本尺寸的大小决定公差值大小。公差等级越高,公差值越小,加工精度越高,加工也就越困难,生产成本也就越高。标准公差代号用大写字母 IT 表示,在 IT 右边写数字,表示公差等级,如 IT01、IT0、IT1、IT2～IT18,其中 IT01、IT0～IT4 主要用于量规、量仪、精密仪表、超精尺寸等,IT5～IT11 用于一般机械零件的配合尺寸,IT12～IT18 用于非配合尺寸。

根据基本尺寸和公差等级,可从表 3-1 中查得标准公差值。如 $\phi50$,标准公差等级为 IT7,在表中左边的基本尺寸＞30～50 横线对应 IT7 的竖线相交处的 25 即为该尺寸的公差值 25 μm(0.025 mm);若基本尺寸仍为 $\phi50$,标准公差等级降为 IT9,可查得公差值为 62 μm(0.062 mm)。由此可见,合理地选用公差等级,就是能在保证使用质量的前提下,争取有最佳的经济效益。不同的公差等级要由不同的加工方法来获得,表 3-2 为各种加工方法可达到的公差等级。

7)公差带和基本偏差 公差带是由代表上偏差和下偏差两条直线限定的区域图形,因公差数值很小,在画公差带图时需作放大几百倍处理。规定零线(代表基本尺寸,也代表偏差为零)的上方为"+",下方为"-"。而基本偏差一般是指尺寸的上偏差或下偏差靠近零线的那个偏差。当公差带在零线上方时,下偏差是基本偏差,

表 3 - 1 标准公差

基本尺寸 (mm)	公 差 等 级 公 差 值																			
	IT01	IT0	IT1	IT2	IT3	IT4	IT5	IT6	IT7	IT8	IT9	IT10	IT11	IT12	IT13	IT14	IT15	IT16	IT17	IT18
	μm													mm						
≤3	0.3	0.5	0.8	1.2	2	3	4	6	10	14	25	40	60	0.10	0.14	0.25	0.40	0.60	1.0	1.4
>3~6	0.4	0.6	1	1.5	2.5	4	5	8	12	18	30	48	75	0.12	0.18	0.30	0.48	0.75	1.2	1.8
>6~10	0.4	0.6	1	1.5	2.5	4	6	9	15	22	36	58	90	0.15	0.22	0.36	0.59	0.90	1.5	2.2
>10~18	0.5	0.8	1.2	2	3	5	8	11	18	27	43	70	110	0.18	0.27	0.43	0.70	1.10	1.8	2.7
>18~30	0.6	1	1.5	2.5	4	6	9	13	21	33	52	84	130	0.21	0.33	0.52	0.84	1.30	2.1	3.3
>30~50	0.6	1	1.5	2.5	4	7	11	16	25	39	62	100	160	0.25	0.39	0.62	1.00	1.60	2.5	3.9
>50~80	0.8	1.2	2	3	5	8	13	19	30	46	74	120	190	0.30	0.46	0.74	1.20	1.90	3.0	4.6
>80~120	1	1.5	2.5	4	6	10	15	22	35	54	87	140	220	0.35	0.54	0.87	1.40	2.20	3.5	5.4
>120~180	1.2	2	3.5	5	8	12	18	25	40	63	100	160	250	0.40	0.63	1.00	1.60	2.50	4.0	6.3
>180~250	2	3	4.5	7	10	14	20	29	46	72	115	185	290	0.46	0.72	1.15	1.85	2.90	4.6	7.2
>250~315	2.5	4	6	8	12	16	23	32	52	81	130	210	320	0.52	0.81	1.30	2.10	3.20	5.2	8.1
>315~400	3	5	7	9	13	18	25	36	57	89	140	230	360	0.57	0.89	1.40	2.30	3.60	5.7	8.9
>400~500	4	6	8	10	15	20	27	40	63	97	155	250	400	0.63	0.97	1.55	2.50	4.00	6.3	9.7

表 3 - 2　各种加工方法可达到的公差等级

加工方法	公差等级 (IT)																		
	01	0	1	2	3	4	5	6	7	8	9	10	11	12	13	14	15	16
研磨	—	—	—	—	—	—	—											
珩					—	—	—	—										
圆磨						—	—	—	—									
平磨						—	—	—	—									
金刚石车							—	—	—									
金刚石镗							—	—	—									
拉削							—	—	—	—	—							
铰孔								—	—	—	—	—						
车									—	—	—	—	—					
镗									—	—	—	—	—	—				
铣										—	—	—	—					

（续 表）

加工方法	公差等级（IT）																	
	01	0	1	2	3	4	5	6	7	8	9	10	11	12	13	14	15	16
刨、插												—	—					
钻孔												—	—	—	—			
滚压、挤压												—	—					
冲压												—	—	—	—	—		
压铸													—	—	—	—		
粉末冶金成型								—	—	—								
粉末冶金烧结									—	—	—							
砂型铸造、气割																		—
锻造																	—	

当公差带在零线下方时，上偏差为基本偏差。如图 3－4 为六种公差带在零线所处的位置。公差带 A：下偏差＋0.015 靠近零线，所以下偏差为基本偏差；公差带 B：下偏差－0.020 靠近零线，所以下偏差为基本偏差；同理 C：＋0.020 为基本偏差；D：－0.015 为基本偏差；E：下偏差在零线上，0 为基本偏差；F：上偏差在零线上，0 为基本偏差。

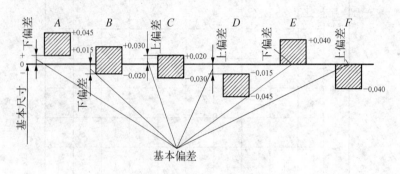

图 3－4　基本偏差示意图

国家标准把孔和轴的基本偏差如图 3－5 所示，各规定了 28个，其中孔的基本偏差代号用大写拉丁字母表示，轴的基本偏差代号用小写拉丁字母表示。因此，孔、轴公差带的标记形式由三部分组成：基本尺寸、基本偏差代号、标准公差等级。例如，基本尺寸为 $\phi20$ 的孔，基本偏差代号为 H，标准公差等级为 7 级，则标记为 $\phi20H7$；基本尺寸为 $\phi30$ 的轴，基本偏差代号为 g，标准公差等级为 6级，则标记为 $\phi30g6$。据此可从国家标准规定的孔和轴的偏差值附表 1 和附表 2 中查得上、下偏差值。例如 $\phi20H7$，查附表 1，在基本尺寸竖栏中找到＞18～24 尺寸段，在公差等级和代号横栏中找到 7和 H，竖横对应相交处有 $^{+21}_{0}$ 字样，即上偏差为＋21 μm，下偏差为 0；$\phi30g6$，查附表 2，在基本尺寸竖栏中找到＞24～30 尺寸段，在公差等级和代号横栏中找到 6 和 g，竖横对应相交处有 $^{-7}_{-20}$ 字样，即上偏差为－7 μm，下偏差为－20 μm。上述的孔和轴也可记为 $\phi20H7$（$^{+0.021}_{0}$）、$\phi30g6$（$^{-0.007}_{-0.020}$）。

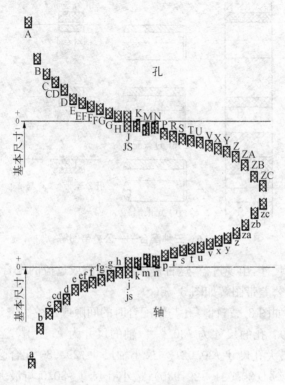

图 3-5　基本偏差公差带分布图

（2）尺寸配合　配合是指基本尺寸相同相互结合的松紧关系。根据松紧程度，配合分为间隙配合、过盈配合和过渡配合三种。

1）间隙配合　孔的尺寸总是大于轴的尺寸，因而配合时总会产生间隙，使轴在孔内自由转动或移动，这种配合具有间隙，包括最小间隙量零，称为间隙配合。孔和轴的配合关系可用图 3-6(a)公差带图解来表示。

2）过盈配合　孔的尺寸总是小于轴的尺寸，因而总会产生过盈，使轴不能在孔内转动或移动，这种配合具有过盈，包括最小过盈量零，称为过盈配合。公差带图解如图 3-6(b)。

3）过渡配合　孔的尺寸可能大于轴的尺寸，出现间隙，也可能

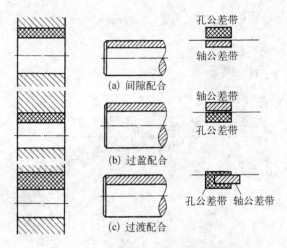

(a) 间隙配合

孔公差带
轴公差带

(b) 过盈配合

轴公差带
孔公差带

(c) 过渡配合

孔公差带 轴公差带

图 3-6   三种配合——公差带图解

小于轴的尺寸,出现过盈,这种可能出现间隙或过盈的配合,称为过渡配合。公差带图解如图 3-6(c)。

例   如图 3-7,计算孔与轴配合时的间隙或过盈。

图(a):孔的尺寸为 $\phi30^{+0.021}_{0}$,轴的尺寸为 $\phi30^{-0.007}_{-0.020}$,当孔与轴配合时,最大孔尺寸 $\phi30.021$ 与最小轴尺寸 $\phi29.980$ 配合会出现最大间隙 $0.041(30.021-29.980)$;最小孔尺寸 $\phi30.0$ 与最大轴尺寸 $\phi29.993$ 配合会出现最小间隙 $0.007(30.0-29.993)$。

图(b):孔的尺寸为 $\phi30^{+0.013}_{0}$,轴的尺寸为 $\phi30^{+0.057}_{+0.048}$,当孔与轴配合时,最小孔尺寸 $\phi30.0$ 与最大轴尺寸 $\phi30.057$ 配合时会出现最大过盈 $-0.057(30.0-30.057)$;最大孔尺寸 $\phi30.013$ 与最小轴尺寸 $\phi30.048$ 配合时会出现最小过盈 $-0.035(30.013-30.048)$。

图(c):孔的尺寸为 $\phi40^{+0.025}_{0}$,轴的尺寸为 $\phi40^{+0.033}_{+0.017}$,当孔与轴配合时,最大孔尺寸 $\phi40.025$ 与最小轴尺寸 $\phi40.017$ 配合时会出现最大间隙 $0.008(40.025-40.017)$;最小孔尺寸 $\phi40.0$ 与最大轴尺寸 $\phi40.033$ 配合会出现最大过盈 $-0.033(40.0-40.033)$。所以过渡配合时孔的实际尺寸减去轴的实际尺寸有可能出现正值,也可能出现负值或零。

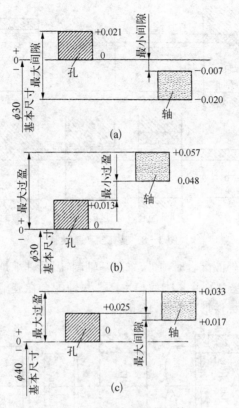

图3-7 孔轴配合公差带计算图

（3）配合基制　如图3-8所示，有基孔制和基轴制两种。

1）制孔制　以孔为基准，与不同基本偏差的轴配合，这种配合制度称基孔制，此孔称基准孔（H），其下偏差为零。

2）基轴制　以轴为基准，与不同基本偏差的孔配合，这种配合制度称基轴制，此轴称基准轴（h），其上偏差为零。

国家标准规定，在一般情况下，优先采用基孔制，因为孔比轴加工困难，当采用基孔制时，孔是基准件，故基本偏差只有一个，可以减少刀具、量具的数量，所以采用基孔制是比较经济的，在生产中被广泛应用。但有特殊需要和特殊情况下也有采用基轴制的，例如孔

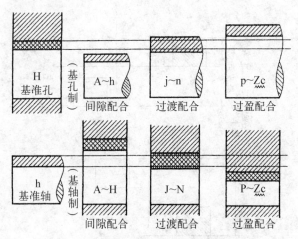

图 3 - 8　基孔制和基轴制

与滚动轴承外圈配合时，必定采用基轴制，因为轴承是标准件。

（4）公差配合在图上的标注　孔与轴配合在装配图上和孔、轴在零件图上标注形式如图 3 - 9。

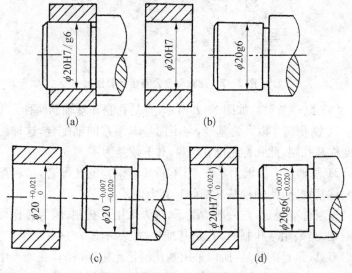

图 3 - 9　公差配合在图上标注

1) 图(a)为孔与轴配合,分子表示孔的公差带代号,分母表示轴的公差带代号,如 $\phi20\dfrac{H7}{g6}$;

2) 图(b)为孔、轴在零件图上标注公差带代号,如 $\phi20H7$、$\phi20g6$;

3) 图(c)为孔、轴在零件图上标注偏差值,如 $\phi20^{+0.021}_{0}$,$\phi20^{-0.007}_{-0.020}$;

4) 图(d)为孔、轴在零件图上既标公差带代号又标偏差值,如 $\phi20H7(^{+0.021}_{0})$、$\phi20g6(^{-0.007}_{-0.020})$。

在零件图上为便于加工制造,多数标注偏差值。

公差配合代号意义识别示例见表 3-3。

表 3-3　公差与配合代号意义识别示例

实　例	表　示　意　义
$\phi30F8$	基本尺寸 $\phi30$,公差等级 8 级,基本偏差 F 的基轴制间隙配合的孔
$\phi40H4$	① 基本尺寸 $\phi40$,公差等级 4 级,基本偏差是 H 的基孔制的基准孔
	② 基本尺寸 $\phi40$,公差等级 4 级,基本偏差是 H 的基轴制间隙配合的孔
$\phi60T6$	基本尺寸 $\phi60$,公差等级 6 级,基本偏差是 T 的基轴制过盈配合的孔
$\phi25u5$	基本尺寸 $\phi25$,公差等级 5 级,基本偏差是 u 的基孔制过盈配合的轴
$\phi50b13$	基本尺寸 $\phi50$,公差等级 13 级,基本偏差是 b 的基孔制间隙配合的轴
$\phi50h9$	① 基本尺寸 $\phi50$,公差等级 9 级,基本偏差是 h 的基轴制的基准轴
	② 基本尺寸 $\phi50$,公差等级 9 级,基本偏差是 h 的基孔制间隙配合的轴
$\phi25\dfrac{H8}{h7}$	① 基本尺寸 $\phi25$,基孔制(分子是 H),公差等级孔是 8 级、轴是 7 级,基本偏差孔是 H、轴是 h 的间隙配合
	② 基本尺寸 $\phi25$,基轴制(分母是 h),公差等级孔是 8 级、轴是 7 级,基本偏差孔是 H、轴是 h 的间隙配合
	③ 基本尺寸 $\phi25$,公差等级孔是 8 级、轴是 7 级,基本偏差孔是 H、轴是 h 的基准件配合(间隙配合)
$\phi35\dfrac{H7}{p6}$	基本尺寸 $\phi35$,基孔制(分子是 H),公差等级孔是 7 级、轴是 6 级,基本偏差孔是 H、轴是 p 的过盈配合
$\phi45\dfrac{K7}{h6}$	基本尺寸 $\phi45$,基轴制(分母是 h),公差等级孔是 7 级、轴是 6 级,基本偏差孔是 K、轴是 h 的过渡配合

　　基本偏差有 28 种,标准公差有 20 个等级,若随意选用,可组成大量的配合,这不利于生产和标准的发挥。因此,国家标准将孔、轴公差带分为优先、常用和一般用途的公差带,以便选用。表 3 - 4 列出了 13 种优先配合及其特性,其余配合可查阅有关国标手册。

表 3 - 4　13 种优先配合及其配合特性

配合代号		装配方法	配　合　特　性
基孔制	基轴制		
$\dfrac{H11}{c11}$	$\dfrac{C11}{h11}$	手轻推进	间隙很大,用于很松、很慢的转动配合,外露组件
$\dfrac{H9}{d9}$	$\dfrac{D9}{h9}$	手轻推进	间隙较大,为精度要求不高的转动配合
$\dfrac{H8}{f7}$	$\dfrac{F8}{h7}$	手推滑进	具有中等间隙,用于一般机械的中等转速和较精密的转动或滑动配合
$\dfrac{H7}{g6}$	$\dfrac{G7}{h6}$	手旋进	配合间隙较小,用于精度要求较高、速度不高的相对运动,或运动有冲击,又要保证零件的同轴度和紧密性
$\dfrac{H7}{h6}$　$\dfrac{H8}{h7}$　$\dfrac{H9}{h9}$　$\dfrac{H11}{h11}$	$\dfrac{H7}{h6}$　$\dfrac{H8}{h7}$　$\dfrac{H9}{h9}$　$\dfrac{H11}{h11}$	加油后用手旋进	均为间隙定心定位配合,在最大实体状态下的最小间隙为零,最大间隙由公差等级决定。$\dfrac{H7}{h6}$ 常用于定心精度高的配合,$\dfrac{H8}{h7}$ 比 $\dfrac{H7}{h6}$ 稍低;$\dfrac{H9}{h9}$ 用于定位精度要求不高,零件没有相对运动的连接;$\dfrac{H11}{h11}$ 用于粗的定心配合
$\dfrac{H7}{k6}$	$\dfrac{K7}{h6}$	手锤轻轻打入	过渡配合,用于定心、定位要求较高,经常拆卸的部位
$\dfrac{H7}{n6}$	$\dfrac{N7}{h6}$	压力机压入	过渡配合,定位精度和紧密性好,有较大的过盈,用于不经常拆卸部位
$\dfrac{H7}{p6}$	$\dfrac{P7}{h6}$	压力机压入或温差法	小过盈配合,定位精度好,传递扭矩时要加紧固件
$\dfrac{H7}{s6}$	$\dfrac{S7}{h6}$	压力机压入或温差法	中等过盈配合,传递小的扭矩;传递较大扭矩时,要加紧固件或选择装配;当材料强度不够时,用以代替大过盈配合
$\dfrac{H7}{u6}$	$\dfrac{U7}{h6}$	温差法	大过盈配合,传递较大的扭矩或冲击负荷,不用加紧固件或连接件

2. 形状与位置公差

零件加工质量不仅取决于零件的尺寸精度,还取决于零件的几何形状和相互位置精度。经过加工的零件表面所出现的形状和位置的误差,不但降低了零件精度,也会影响使用性能。如图 3-10 (a)所示的小轴与孔的配合,该小轴直径为 $\phi 20^{-0.020}_{-0.033}$,与孔 $\phi 20^{+0.021}_{0}$ 成间隙配合。图 3-10(b)是小轴加工后的实际尺寸和实际形状。经测量小轴的实际尺寸为 19.980 mm,在允许的尺寸极限范围内,属合格,但由于实际形状弯曲了 0.05 mm,这时即使孔加工到最大极限尺寸 20.021 mm,轴也装不进去,原因是这根小轴的轴线弯曲加工误差已超过了允许的极限范围;同理,如图 3-11(a)所示零件上加工两个孔 $\phi 20^{+0.021}_{0}$ 和 $\phi 30^{+0.021}_{0}$,要求能同时与图 3-11(b)阶梯轴 $\phi 20^{-0.020}_{-0.033}$ 和 $\phi 30^{-0.020}_{-0.041}$ 两圆柱面配合,图 3-11(c)是零件加工后两孔的实际位置,可见零件两孔直径尺寸都合格,但阶梯轴却装不进

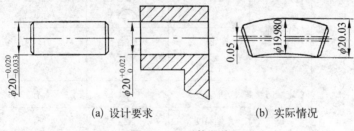

(a) 设计要求　　　　　　(b) 实际情况

图 3-10　形状误差

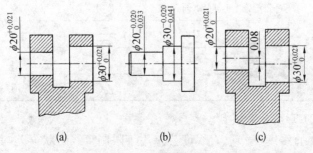

(a)　　　　　　　(b)　　　　　　　(c)

图 3-11　位置误差

去,原因是两孔轴线偏移了 0.08 mm,也就是说这两个孔加工而引起的位置偏移误差已超过允许的极限范围。零件加工后造成一定的形状和位置误差是必然的,但必须控制在误差允许的范围以内。因此,国家标准(形状和位置公差 GB/T 1182—1996)规定了零件表面形状和位置公差(简称形位公差)的符号、术语及标注。

(1) 形位公差特征项目符号　见表 3-5。

表 3-5　形位公差特征项目的符号

公　　差		特征项目	符　　号	有或无基准要求
形　状	形　状	直线度	——	无
		平面度	▱	无
		圆　度	○	无
		圆柱度	⌀̸	无
形状或位置	轮　廓	线轮廓度	⌒	有或无
		面轮廓度	⌓	有或无
位　置	定　向	平行度	//	有
		垂直度	⊥	有
		倾斜度	∠	有
	定　位	位置度	⊕	有或无
		同轴(同心)度	◎	有
		对称度	=	有
	跳　动	圆跳动	╱	有
		全跳动	⫽	有

(2) 形位公差项目含义

1) 直线度(——)　直线度公差用于限制直线形状误差,其公差带是两平行直线之间、两平行平面之间或圆柱面内的区域。

2) 平面度(▱) 平面度公差用于限制平面的形状误差,其公差带是两平行平面之间的区域。

3) 圆度(○) 圆度公差用于限制回转面径向截面(垂直于轴线的截面)的形状误差,其公差带是两同心圆之间的区域。

4) 圆柱度(⌭) 圆柱度公差用于限制圆柱表面的形状误差,其公差带是两同轴圆柱面之间的区域。

5) 线轮廓度(⌒) 线轮廓度公差用于限制平面曲线和曲面曲线的形状位置误差,其公差带是两等距曲线之间的区域。

6) 面轮廓度(⌓) 面轮廓度公差用于限制曲面的形状位置误差,其公差带是两等距曲面之间的区域。

7) 平行度(∥) 平行度公差用于限制被测形体对基准形体平行的误差,其公差带是两平行平面之间或圆柱面内的区域。

8) 垂直度(⊥) 垂直度公差用于限制被测形体对基准形体垂直方向的误差,其公差带是两平行平面之间或圆柱面内的区域。

9) 倾斜度(∠) 倾斜度公差用于限制被测形体对基准形体成一定角度的方向误差,其公差带是两平行平面之间或圆柱面内的区域。

10) 同轴度(◎) 同轴度公差用于限制被测形体轴线对基准形体轴线的同轴位置误差,其公差带是两同轴圆柱面内或两同心圆之间的区域。

11) 对称度(⌸) 对称度公差用于限制被测形体对基准形体的位置对称误差,其公差带是两平行平面之间的区域。

12) 位置度(⊕) 位置度公差用于限制被测形体对基准形体的位置误差,其公差带是圆柱面内或两平行平面之间的区域。

13) 圆跳动(↗) 圆跳动公差用于限制被测形体绕基准轴线作无轴向移动旋转一转的最大跳动误差。圆跳动有径向圆跳动、端面圆跳动和斜向圆跳动三种,其公差带是两同心圆之间或两圆之间的区域。

14) 全跳动(⌰) 全跳动公差用于限制被测形体绕基准形体

轴线作无轴向移动连续多转旋转在整个表面上所允许的最大跳动误差。全跳动有径向全跳动和端面全跳动两种,其公差带是两圆柱面之间或两平行面之间的区域。

凡公差带形状为圆柱面的,在公差数值前加注"ϕ"。

形位公差带的主要形式见表3-6。

若要求在公差带内进一步限定被测要素的形状,则应在公差值后面加注表3-7中的符号,注法见表中举例一栏。

表3-6 形位公差带的主要形式

1	一个圆内的区域	
2	两同心圆之间的区域	
3	两同轴圆柱面之间的区域	
4	两等距曲线之间的区域	
5	两平行直线之间的区域	
6	一个圆柱面内的区域	
7	两等距曲面之间的区域	
8	两平行平面之间的区域	
9	一个圆球内的区域	

表 3-7　被测要素的形状限定

含　　义	符　　号	举　　例
只许中间向材料内凹下	（—）	$\boxed{\underline{\quad\quad}}\ t(-)$
只许中间向材料外凸起	（＋）	$\boxed{\diagup\!\!\!\!\diagup}\ t(+)$
只许从左至右减小	（▷）	$\boxed{b}\ t(▷)$
只许从右至左减小	（◁）	$\boxed{b}\ t(◁)$

注：表中的"t"为公差值。

（3）形位公差标注　零件对形位公差的要求，在图样上是用框格形式来表示的。框格由两格或多格组成，一般情况形状公差为两格，位置公差为三格。框格中内容由左到右以次序填写：形位公差项目特征符号、公差值、需要时再填基准字母；被测要素用带箭头的指引线，一端连接框格，另一端指向被测零件表面或表面的延长线上；被测要素的位置公差是对某一基准而定，基准符号用粗短划线并用带圆圈的大写拉丁字母表示，在框格内填写相同字母。基准可是轮廓表面，也可是轴线、中心平面等。

形位公差标注识读图例：

例 1　识读图 3-12 所示的各项框格。

a. 大端面对 $\phi 80_{-0.014}^{\ 0}$ 轴线基准 C 的垂直度公差为 0.015，大端面又作为基准面（A）；

b. 圆锥面对 $\phi 80_{-0.014}^{\ 0}$ 轴线基准 C 的斜向圆跳动公差为 0.012；

c. 圆锥面圆度公差为 0.006；

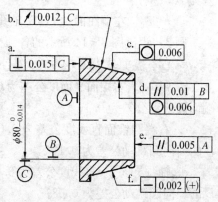

图 3-12　形位公差标注示例之一

d. $\phi 80_{-0.014}^{0}$ 圆度公差为 0.006、上母线对下母线 B 的平行度公差为 0.01；

e. 小端面对大端面基准 A 的平行度公差为 0.005；

f. 圆锥面直线度公差为 0.002，允许中凸。

例 2 识读图 3－13 所示的各项框格。

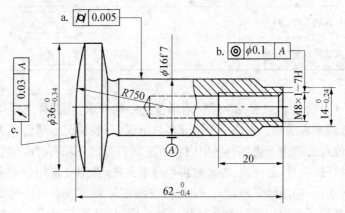

图 3－13 形位公差标注示例之二

a. $\phi 16f7$ 圆柱度公差为 0.005；该轴线为基准线（A）；

b. 螺孔 M8×1－7H 轴线对 $\phi 16f7$ 轴线（基准 A）的同轴度公差为 $\phi 0.1$；

c. $\phi 36_{-0.34}^{0}$ 左端曲面对 $\phi 16f7$ 轴线的斜向圆跳动公差为 0.03。

例 3 识读图 3－14 所示的各项框格。

a. $\phi 22_{-0.2}^{0}$ 直线度公差为 0.1、其轴线为基准线（B）；

b. $\phi 15_{-0.15}^{0}$ 右端面平面度公差为 0.05、对 $\phi 22_{-0.2}^{0}$ 轴线基准 B 的端面圆跳动公差为 0.1；

c. 右端圆锥面直线度公差为 0.02、圆锥面对 $\phi 22_{-0.2}^{0}$ 轴线基准 B 的斜向圆跳动公差为 0.1；

d. 轴颈 $\phi 15_{-0.15}^{0}$ 直线度公差为 0.05、圆柱面对 $\phi 22_{-0.2}^{0}$ 轴线基准 B 的径向圆跳动公差为 0.08；

e. 小孔 $\phi 3H12$ 直线度公差为 0.05；圆度公差为 0.1；小孔中心

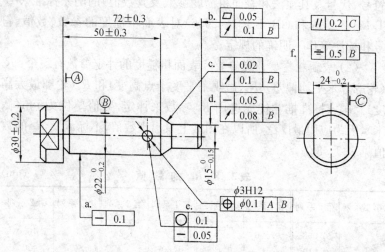

图 3‒14　形位公差标注示例之三

线对 $\phi30\pm0.2$ 右端面基准 A 和 $\phi22_{-0.2}^{\ 0}$ 轴线基准 B 的位置度公差为 $\phi0.1$；

f. 左端头部 $24_{-0.2}^{\ 0}$ 对 $\phi22_{-0.2}^{\ 0}$ 轴线基准 B 的对称度公差为 0.5；后削平面对前削平面基准 C 的平行度公差为 0.2。

3. 表面粗糙度

（1）表面粗糙度概念　零件表面粗糙度是一种微观几何形状误差，又称微观不平度，是衡量零件表面质量的重要指标。它的形成主要是零件在机械加工过程中，由于刀痕、切削过程中切屑分离时的塑性变形、工艺系统中的高频振动、刀尖与被加工表面的摩擦等原因使被加工零件表面产生微小的峰谷，这些微小峰谷的间距状况和高低程度，称为表面粗糙度。

表面粗糙度对零件的功能和使用性能有着重要的影响。当然零件表面不可能也无必要制作得绝对光滑，零件上凡是有相对运动的表面、配合面，表面粗糙度要求高一些，采用的加工方法也就不同。因此对零件表面粗糙度应提出合理的要求，以确定产品质量，提高零件使用寿命以及降低生产成本。根据机械制图（表面粗糙度符号、代号及其注法和表面粗糙度参数及其数值)的国家标准(GB/T 131—1996 和 GB/T 131—2006)对表面粗糙度的参数、数值、符号和标注等作了明确的规定。

(2)表面粗糙度评定参数　表面粗糙度的评定参数有三个：R_a(轮廓算术平均偏差)、R_z(微观不平度十点高度)和 R_y(轮廓最大高度)。国家标准推荐优先选用 R_a 参数来评定，数值单位为 μm(微米)，因为应用最广泛，所以在图纸上只出现数值，不标 R_a。R_a 的数值见表 3-8。

表 3-8　R_a 的数值　　　　　　　　(μm)

第1系列	第2系列	第1系列	第2系列	第1系列	第2系列	第1系列	第2系列
	0.008	0.100			1.25		16.0
	0.010		0.125	1.60			20
0.012			0.160		2.0	25	
	0.016	0.20			2.5		32
	0.020		0.25	3.2			40
0.025			0.32		4.0	50	
	0.032	0.40			5.0		63
	0.040		0.50	6.3		100	80
0.050			0.63		8.0		
	0.063	0.80			10.0		
	0.080		1.00	12.5			

(3)表面粗糙度标注　表面粗糙度常用的符号及其含义见表 3-9。

表 3-9　表面粗糙度常用的符号及其含义

符　号	意 义 及 说 明	表面粗糙度参数和各项规定注写的位置
✓	表示表面可用任何方法获得。当不加注粗糙度参数值或有关说明时，仅适用于简化代号标注	a_1、a_2—粗糙度高度参数的允许值(μm)；
✓	表示表面是用去除材料的方法获得，如车、铣、钻、磨、剪切、抛光、腐蚀、电火花加工、气割等	

（续 表）

符 号	意 义 及 说 明	表面粗糙度参数和各项规定注写的位置
	表示表面是用不去除材料的方法获得，如铸、锻、冲压变形、热轧、冷轧、粉末冶金等，或者是用于保持原供应状况的表面（包括保持上道工序的状况）	b—加工方法、镀涂或其他表面处理； c—取样长度（mm）； d—加工纹理方向符号； e—加工余量（mm）； f—粗糙度间距参数值（mm）或轮廓支承长度率
	以上三个符号的长边可加一横线，用于标注参数；在长边与横线间可加一小圆，表示所有表面具有相同的表面粗糙度要求	

　　表面粗糙度符号标注在轮廓线、延长线、指引线或形位公差的框格上，对每一个表面一般只标注一次并尽可能注在相应的尺寸及其公差的同一视图上。不管是通过不去除材料的方法或其他方法获得的特定表面判断其合格与否，由最后一道加工工序确定表面粗糙度，标注图例见表 3－10。

表 3－10　表面粗糙度的标注方法

图　例	说　明	图　例	说　明
	各倾斜表面代号的注法。符号的尖端必须从材料外指向表面		可以标注简化代号，但要在标题栏附近说明这些简化代号的意义
	代号中的数字方向必须与尺寸数字方向一致，其中使用最多的一种代（符）号可以统一标注在图样右上角，并加注"其余"两字		螺纹的表面特征代（符）号注法

（续　表）

图　例	说　明	图　例	说　明
	当空位狭小或不便标注时,可以引出标注		零件上连续表面及重要要素(孔、槽、齿等)的表面,其表面粗糙度代(符)号只标注一次
	当零件所有表面具有相同的特征时,其代(符)号可以在图样的右上角统一标注		齿轮齿面的表面特征代(符)号注法

（4）表面粗糙度 R_a 加工方法　加工表面的表面粗糙度 R_a 及与之相对应的经济精度公差等级,不同表面可用不同的加工方案获得,见表3-11、表3-12和表3-13。

表3-11　平面加工方案

序号	加　工　方　案	经济精度公差等级(IT)	表面粗糙度 $R_a(\mu m)$	适　用　范　围
1	粗车—半精车	8～9	12.5～3.2	端面
2	粗车—半精车—精车	6～7	3.2～0.8	
3	粗车—半精车—磨削	7～9	1.6～0.2	
4	粗铣(或粗刨)—粗铣(或精刨)	7～9	12.5～1.6	一般不淬硬平面(端面的表面粗糙度可较小)
5	粗铣(或粗刨)—精铣(或精刨)—刮研	5～6	1.6～0.1	精度要求较高的不淬硬平面

(续 表)

序号	加 工 方 案	经济精度公差等级(IT)	表面粗糙度 R_a(μm)	适 用 范 围
6	粗铣(或粗刨)—精铣(或精刨)—宽刃精刨	6	1.6～0.4	批量较大的宜采用宽刃精刨方案
7	粗铣(或粗刨)—精铣(或精刨)—磨削	6	1.6～0.2	精度要求较高的淬硬平面或不淬硬平面
8	粗铣(或粗刨)—粗铣(或精刨)—粗磨—精磨	5～6	0.8～0.025	
9	粗铣—拉	6～9	1.6～0.2	大量生产较小的平面(精度视拉刀的精度而定)
10	粗铣—精铣—磨削—研磨	5	0.2～0.012	高精度平面

表 3－12　外圆柱面的加工方案

序号	加 工 方 案	经济精度公差等级(IT)	表面粗糙度 R_a(μm)	适 用 范 围
1	粗车	11 以下	50～12.5	
2	粗车—半精车	8～10	6.3～3.2	适用于淬火钢以外的各种金属
3	粗车—半精车—精车	7～8	1.6～0.8	
4	粗车—半精车—精车—滚压(或抛光)	7～8	0.2～0.025	
5	粗车—半精车—磨削	7～8	0.8～0.4	
6	粗车—半精车—粗磨—精磨	6～7	0.4～0.1	主要用于淬火钢,也可用于未淬火钢,但不宜于加工有色金属
7	粗车—半精车—粗磨—精磨—超精加工	5	0.1～0.02(或 R_z0.1)	
8	粗车—半精车—精车—金刚石车	6～7	0.4～0.025	主要用于要求较高的有色金属

（续　表）

序号	加 工 方 案	经济精度公差等级(IT)	表面粗糙度 $R_a(\mu m)$	适 用 范 围
9	粗车—半精车—粗磨—精磨—超精磨或镜面磨削	5以上	0.025～0.01（或 R_z0.05）	极高精度的外圆加工
10	粗车—半精车—粗磨—精磨—研磨	5以上	0.1～0.01（或 R_z0.05）	

表3-13　孔的加工方案

序号	加 工 方 案	经济精度公差等级(IT)	表面粗糙度 $R_a(\mu m)$	适 用 范 围
1	钻	11～12	12.5	加工未淬火钢及铸铁的实心毛坯；也有用于加工有色金属（孔径＜15 mm）
2	钻—铰	9	6.3～1.6	
3	钻—铰—精铰	7～8	3.2～0.8	
4	钻—扩	10～11	2.5～6.3	加工未淬火钢及铸铁实心毛坯；也有用于加工有色金属（孔径≥15～20 mm）
5	钻—扩—铰	8～9	6.3～1.6	
6	钻—扩—粗铰—精铰	7	3.2～0.8	
7	钻—扩—机铰—手铰	6～7	1.6～0.2	
8	钻—扩—拉	7～9	3.2～0.2	大批量生产（精度由拉刀的精度而定）

（5）识读表面粗糙度注意事项

1）对零件表面有粗糙度要求时，在零件图的图形相应表面上标注并有评定参数 R_a 的数值；

2）当零件上大部分表面具有相同表面粗糙度要求时，其中使用最多的一种在图样的右上角统一标注，并加上"其余"两字；

3）若所有表面具有相同的表面粗糙度要求时，不注"其余"两字。

4. 其他技术要求

零件图中除了对零件上述技术要求外，还提出对零件材料、表面硬度以及热处理等方面的要求,常用材料见表3-14。

表3-14 常用材料

内容	名称	代号	说明
常用材料	碳素结构钢	Q195	用于载荷较小的零件,铁丝、垫圈、开口销、拉杆等
		Q215	用于拉杆、套圈、垫圈、渗碳零件的焊接件
		Q235	金属结构件,心部强度要求不高的渗碳或氧化零件、拉杆、连杆、吊钩、螺栓、螺母、套筒等
		Q255	转轴、心轴、吊钩、拉杆、摇杆等
		Q275	轴类、链轮、齿轮、吊钩等强度要求较高的零件
	优质碳素钢	30、35、40 45、50、55	属中碳钢,强度、硬度较高,塑性、韧性随含碳量增加而降低,有良好的切削性能,常用于制作受力较大的零件,如连杆、曲轴、齿轮、联轴器
	铸钢	ZG200—400	有良好的塑性和焊接性,用于各种机座、变速箱壳等
		ZG230—450	有良好的塑性、韧性和焊接性,可切削性尚好,用于铸造平坦零件,如机座、工作温度450℃以下的管路附件
	铸铁	HT200	有较好的耐热性和良好的减震性,铸造性好,用于受力较大的零件,如汽缸、齿轮、底架、机体、凸轮、轴承座
		HT250	
	球墨铸铁	QT400—18	有较好的塑性和韧性,焊接和切削性也好,用于汽车的轮毂、差速器壳体、阀体、阀盖、齿轮箱等
		QT400—15	
	铸造黄铜	ZCuZn38	具有良好的铸造性能和较好的力学性能,切削性好,可焊接,常用于耐蚀零件,如法兰、阀座等
		ZCuZn40Mn2	具有较高的力学性能和耐蚀性能,受热时组织稳定,用于各种液体燃料和蒸汽中工作的零件

常用热处理及表面处理方法见表3-15。

表 3-15 常用热处理及表面处理方法

名　　称	代号	说　　明	应　　用
退　火	Th	将钢件加热到临界温度以上,保温一段时间,然后缓慢地冷却下来(一般用炉冷)	用来消除铸、锻件的内应力和组织不均匀及晶粒粗大等现象,消除冷轧坯件的冷硬现象和内应力,降低硬度,以便切削
正　火	Z	将钢件加热到临界温度以上30～50℃,保温一段时间,然后在空气中冷却下来,冷却速度比退火快	用来处理低碳、中碳结构钢件和渗碳机件,使其组织细化,增加强度与韧性,减少内应力,改善切削性能
淬　火	C	将钢件加热到临界温度以上,保温一段时间,然后在水、盐水或油中急速冷却下来(个别材料在空气中),使其得到高硬度	用来提高钢的硬度和强度极限,但淬火时会引起内应力并使钢变脆,所以淬火后必须回火
回　火		将淬硬的钢件加热到临界温度以下的某一温度,保温一段时间,然后在空气中或油中冷却下来	用来消除淬火后产生的脆性和内应力,提高钢的塑性和冲击韧性
调　质	T	淬火后在450～650℃进行高温回火称为调质	用来使钢获得高的韧性和足够的强度,很多重要零件淬火后都需要经过调质处理
表面淬火	H	用火焰或高频电流将零件表面迅速加热至临界温度以上,急速冷却	使零件表层得到高的硬度和耐磨性,而心部保持较高的强度和韧性。常用于处理齿轮,使其既耐磨又能承受冲击
高频淬火	G		
渗碳淬火	S	在渗碳剂中将钢件加热900～950℃,停留一段时间,将碳渗入钢件表面,深度约0.5～2 mm,再淬火后回火	增加钢件的耐磨性能、表面硬度、抗拉强度和疲劳极限。适用于低碳、中碳结构钢的中小型零件
渗　氮	D	在500～600℃通入氮的炉内,向钢件表面渗入氮原子,渗氮层0.025～0.8 mm,渗氮时间需40～50 h	增加钢件的耐磨性能、表面硬度、疲劳极限和抗蚀能力。适用于合金钢、碳结和铸铁零件

(续 表)

名 称		代号	说 明	应 用
氰 化		Q	在 820～860℃的炉内通入碳和氮,保温 1～2 h,使钢件表面同时渗入碳、氮原子,可得到 0.2～0.5 mm 的氰化层	增加表面硬度、耐磨性、疲劳强度和耐蚀性。适用于要求硬度高、耐磨的中小型或薄片零件及刀具
时效处理			低温回火后,精加工之前,将机件加热到 100～180℃,保持 10～40 h。铸件常在露天放一年以上,称为天然时效	使铸件或淬火后的钢件慢慢消除内应力,稳定形状和尺寸
发黑发蓝			将零件置于氧化剂中,在135～145℃温度下进行氧化,表面形成一层呈蓝黑色的氧化层	防腐、美观
镀铬、镀镍			用电解的方法,在钢件表面镀一层铬或镍	
硬度	布氏硬度	HBS	用来测定硬度中等以下的金属材料,如铸铁、有色金属及其合金等	
	洛氏硬度	HRA	用来测定硬度较高的金属材料,如淬火钢、调质钢等	
		HRB		
		HRC		
	邵氏硬度	HS	主要用来测定表面光滑的精密量具,或不易搬动的大型机件	

三、基本零件的图形与标记

在各种机器设备中,经常用到螺纹件、齿轮、链销、弹簧和滚动轴承等零件统称为常用件标准件,国家标准对它们的画法、代号和标记标注都作了明确的规定。作为技术工人,必须熟悉这些常用件的有关规定,才能看懂零件的机械图样。

1. 螺纹件的图形与标记

螺纹在机器中应用很普遍,经常用来作为零件间的联结和传动。螺纹有内螺纹和外螺纹两种。一般外螺纹在车床上车削而成,内螺纹可用车削或者钻孔后再攻螺纹而成。如图 3-15。机械制图（螺纹及螺纹紧固件表示法）的国家标准（GB/T 4459.1—1995）对螺纹表达方式、标记标注等作了规定。

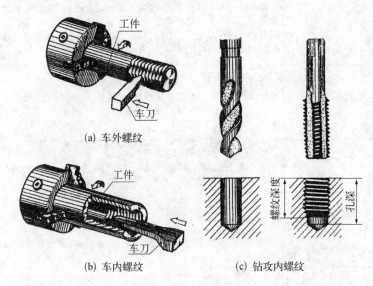

(a) 车外螺纹

(b) 车内螺纹

(c) 钻攻内螺纹

图 3-15　螺纹加工

（1）螺纹的基本要素　指螺纹的牙型、直径、线数、螺距、导程、旋向及旋合长度等。

1）螺纹的牙型　螺纹牙型有三角形、梯形和锯齿形等几种形状。常用的标准螺纹牙型、符号和用途见表 3-16。

表 3-16　常用标准螺纹的牙型及符号

螺纹种类及牙型符号		外　形　图	牙　型　图	说　明
联结螺纹	普通螺纹 M		60°	分粗牙和细牙两种，细牙的螺距较粗牙小，粗牙用于一般机件的联结，细牙用于薄壁或紧密联结的零件

（续　表）

螺纹种类及牙型符号		外　形　图	牙　型　图	说　明
联结螺纹	非螺纹密封的管螺纹 G		55°	螺纹牙的大小以每英寸内的牙数表示,用于管路零件的联结
	用螺纹密封的管螺纹 圆锥外螺纹 R 圆锥内螺纹 R_c 圆柱内螺纹 R_p		55°	用于高温、高压系统和润滑系统,适用于管子、管接头、旋塞、阀门等
	60°圆锥管螺纹 NPT		60°	用于汽车、拖拉机、机床等水、油、汽输送系统的管联结
传动螺纹	梯形螺纹 Tr		30°	用于传递运动或动力
	锯齿形螺纹 B		3° 30°	用于传递单向动力

2) 螺纹的直径　螺纹的直径包括大径、小径、中径和公称直径。公称直径表示螺纹的规格,它一般与螺纹的大径相等,如图 3－16。

3) 线数、螺距和导程　形成螺纹的螺旋线的条数称线数,螺纹

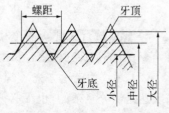

图 3－16　螺纹的直径

有单线和多数之分。螺纹上相邻两牙对应两点间的轴向距离称为螺距。同一线螺纹上相邻两牙对应两点间的轴向距离称为导程。单线螺纹的螺距和导程相等,多线螺纹的导程是螺距的相应倍数。因此螺距与导程的关系为:螺距=导程/线数,如图 3-17。

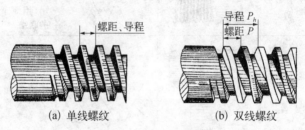

(a) 单线螺纹　　　　　　(b) 双线螺纹

图 3-17　螺纹的线数

4）旋向　螺纹线有左旋和右旋之分。按顺时针方向旋进的螺纹是右旋螺纹,按逆时针方向旋进的螺纹是左旋螺纹。也可用左、右手大拇指与螺纹方向同向来判别,如图 3-18。

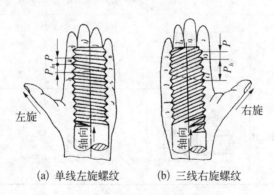

(a) 单线左旋螺纹　　　　　(b) 三线右旋螺纹

图 3-18　螺纹旋向的判别

5）螺纹旋合长度　两个相互配合的螺纹,沿轴向旋合部的长度,它有短、中、长三种旋合长度。

（2）螺纹的表达方式　螺纹牙型若用正投影法按其实际形状来表达是十分复杂的,也无必要。按国家标准的规定表达,识图就很方便。

1）外螺纹表达　大径和螺纹终止线用粗实线，小径用细实线并画入倒角处，在投影为圆的图形中，小径的细实线圆只画约3/4圈。

2）内螺纹表达　在螺孔的剖视图中，小径和螺纹终止线用粗实线，大径用细实线，在投影为圆的图形中，大径的细实线圆只画约3/4圈。

内、外螺纹及其旋合表达方式见表3-17。

表 3-17　螺纹的表达方式

类　型	图　例　及　画　法
外螺纹	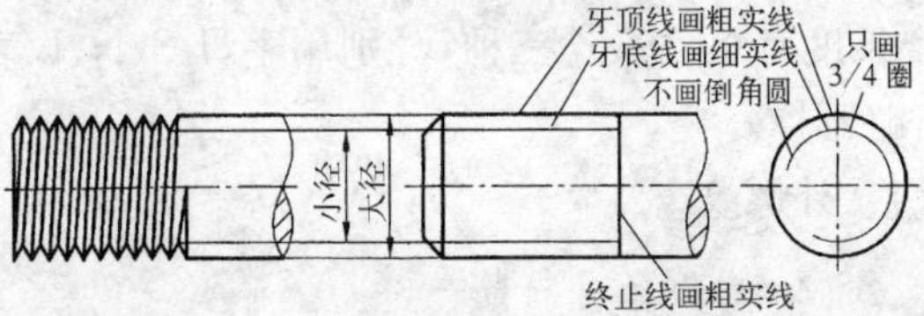 牙顶线画粗实线　牙底线画细实线　不画倒角圆　只画3/4圈　小径　大径　终止线画粗实线
内螺纹	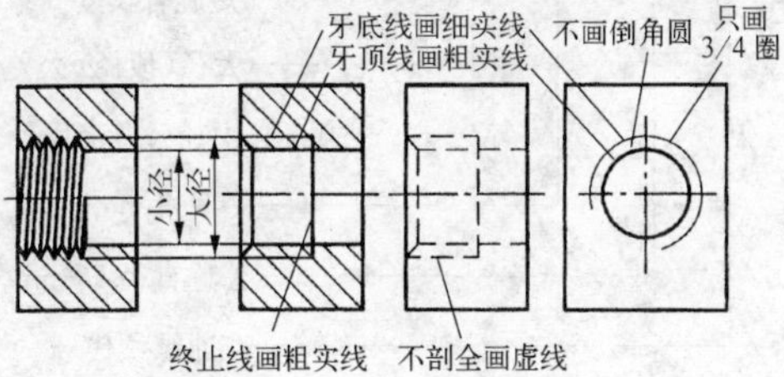 牙底线画细实线　牙顶线画粗实线　不画倒角圆　只画3/4圈　小径　大径　终止线画粗实线　不剖全画虚线
盲孔内螺纹	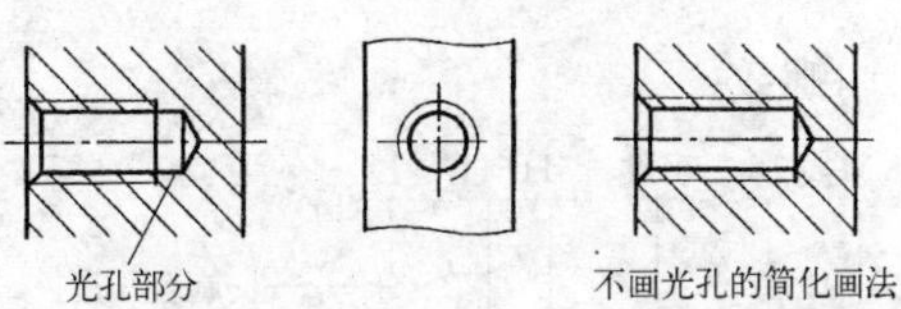 光孔部分　不画光孔的简化画法
内外螺纹旋合	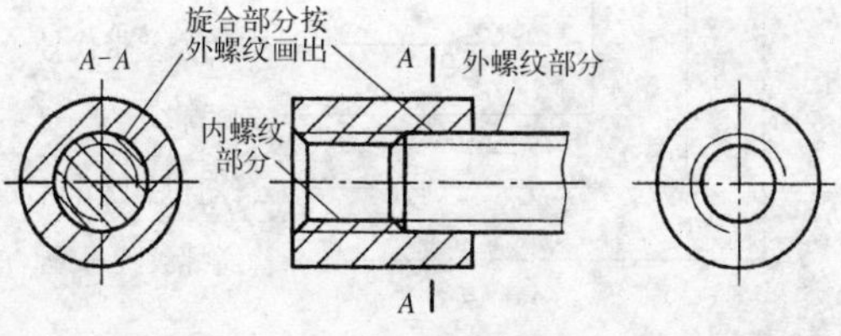 旋合部分按外螺纹画出　A-A　A　外螺纹部分　内螺纹部分　A

(3)螺纹的标记和标注

1)普通螺纹标记 普通螺纹标记格式为:

螺纹特征代号 公称直径×螺距(导程)旋向—中径、顶径公差带代号—旋合长度

其中普通粗牙螺纹一个公称直径只有一种螺距,所以不标螺距,而普通细牙螺纹相同公称直径有几种不同螺距,所以必须标记螺距;旋向中右旋螺纹使用频繁,所以省略标记,而左旋螺纹必须标记"LH";螺纹公差带代号由公差等级的数字和基本偏差的字母组成;旋合长度有短、中、长三种,分别用字母 S、N、L 表示,中旋合长度 N 省略不标。

例1 外螺纹

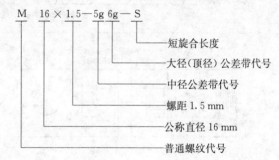

注:右旋、细牙

例2 内螺纹

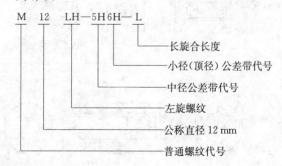

注:粗牙

例 3 螺纹旋合

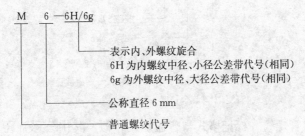

注：右旋、粗牙、中等旋合长度

2) 梯形、锯齿形螺纹标记 标记格式与普通螺纹基本相同。其中同一公称直径有几个螺距，所以螺距必须标出；多线螺纹标导程同时在括号内标螺距(P)；公差带代号指中径；旋合长度分为中、长两种，中等旋合长度不标。

例 1

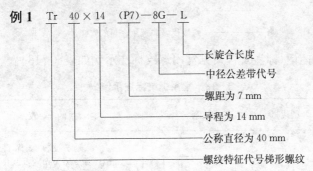

注：内螺纹、双线、右旋

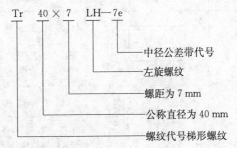

注：外螺纹、单线、左旋、中旋合长度

例 2

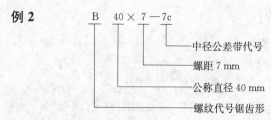

注：外螺纹、单线、右旋、中等旋合长度

3）管螺纹 标记格式与普通螺纹相似。其中公称直径并不表示管螺纹大径，而是略等于带有外螺纹的管子孔径，且以英寸为单位；中径公差等级只是对代号为 G 的非螺纹密封的管螺纹，公差级别只有 A、B 两种。

例

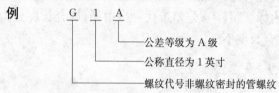

螺纹标记、标注及含义见常用螺纹标注示例如表 3 - 18。

表 3 - 18 常用螺纹标注示例

螺纹类别	牙型代号	标 注 示 例	标 注 的 含 义
普通螺纹	M	M20-5g6g-40	粗牙普通螺纹，公称直径 20 mm，螺距 2.5 mm，右旋，中径公差带代号 5g，顶径(大径)公差带代号 6g，旋合长度 40 mm
	M	M36×2-6g	细牙普通螺纹，公称直径 36 mm，螺距 2 mm，右旋，中径和顶径(大径)公差带代号同为 6g，中等旋合长度
	M	M24×1-6H	细牙普通螺纹，公称直径 24 mm，螺距 1 mm，右旋，中径和顶径(小径)的公差带代号同为 6H，中等旋合长度

(续　表)

螺纹类别	牙型代号	标注示例	标注的含义
梯形螺纹	Tr	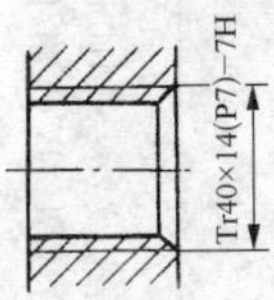 Tr40×14(P7)—7H	梯形螺纹,公称直径 40 mm,导程 14 mm,螺距 7 mm,双线,右旋,中径公差带代号 7H
锯齿形螺纹	B	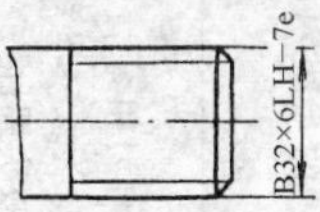 B32×6LH-7e	锯齿形螺纹,公称直径 32 mm,单线,螺距 6 mm,左旋,中径公差带代号 7e
非螺纹密封的管螺纹	G	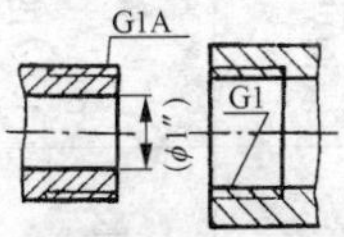 G1A G1	非螺纹密封的管螺纹,尺寸代号 1,外螺纹公差等级为 A 级
用螺纹密封的管螺纹	R R_c R_p	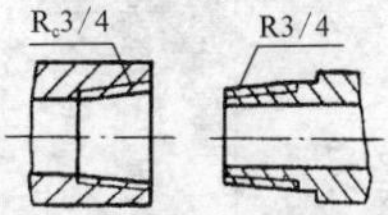 R 3/4　　R3/4	用螺纹密封的管螺纹,尺寸代号 3/4,内、外均为圆锥螺纹

4) 螺纹紧固件　常见螺纹紧固件如图 3 - 19 所示。

开槽盘头螺钉

内六角圆柱头螺钉

十字槽沉头螺钉

开槽锥端紧定螺钉

六角头螺栓

螺柱

六角螺母

六角开槽螺母

平垫圈

弹簧垫圈

图 3 - 19　常见的螺纹紧固件

常见螺纹紧固件及其标记标注图例见表 3—19。

表 3—19　几种常用螺纹紧固件的简图和标记示例

名　称	图　例	标记格式及示例	示　例　说　明
六角头螺栓		名称 标准编号 螺纹代号×长度 螺栓 GB/T 5780—2000　M16×90	螺纹规格 $d=$ M16 mm，公称长度 $l=90$ mm，性能等级为 4.8 级、不经表面处理、杆身半螺纹的 C 级六角头螺栓
螺　母		名称 标准编号 螺纹代号 螺母 GB/T 41—2000　M12	螺纹规格 $d=$ M12 mm，性能等级为 5 级、不经表面处理的 C 级六角螺母
双头螺柱		名称 标准编号 类型 螺纹代号×长度 螺柱 GB/T 899—1988　M10×40	两端均为粗牙普通螺纹，$d=$ M10 mm，$l=40$ mm，性能等级 4.8 级、B 型（"B"省略不标）、$b_{\mathrm{m}}=1.5d$ 的双头螺柱
平垫圈		名称 标准编号 公称尺寸 性能等级 垫圈 GB/T 95—2002　10—100 HV	标准系列，公称尺寸 $d=10$ mm，性能等级为 100 HV 级、不经表面处理的平垫圈
螺　钉		名称 标准编号 螺纹代号×长度 螺钉 GB/T 68—2000　M10×40	螺纹规格 $d=$ M10 mm，公称长度 $l=40$ mm，性能等级为 4.8 级、不经表面处理的开槽沉头螺钉

5）螺纹紧固件连接 螺纹紧固件的连接形式有螺栓连接、螺柱连接和螺钉连接等几种。螺栓连接是将螺栓穿过两连接零件光孔后套上垫圈旋紧螺母，如图 3－20。

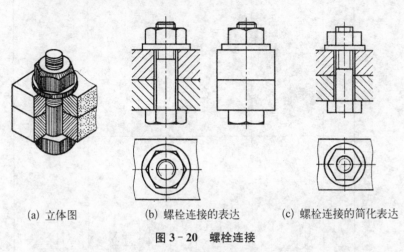

(a) 立体图   (b) 螺栓连接的表达   (c) 螺栓连接的简化表达

图 3－20 螺栓连接

螺柱连接是将螺柱一端旋入连接件的螺孔中，另一端穿过另一连接件的光孔后套上垫圈，旋紧螺母，如图 3－21(a)。

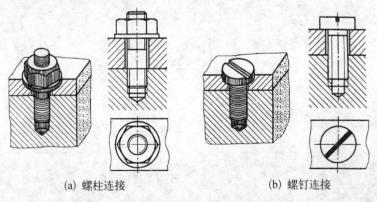

(a) 螺柱连接   (b) 螺钉连接

图 3－21 螺柱、螺钉连接

螺钉连接是将螺钉穿过连接件的光孔后旋入另一连接件的螺孔中，如图 3－21(b)。

常见螺纹等结构要素的尺寸注法见表3－20。

表 3－20　常见结构要素的尺寸注法

零件结构类型		标　注　方　法	说　明
螺孔	通孔	$3\times M6-7H$	$3\times M6$ 表示大径为 6，均匀分布的三个螺孔 可以旁注，也可直接注出
	不通孔	$3\times M6-7H-10$　深10	螺孔深度可与螺孔大径连注，也可分开注出
	不通孔	$3\times M6-7H-10$　孔深12　螺孔深12	需要注出孔深时，应明确标注孔深尺寸
光孔	一般孔	$4\times\phi5$ 深10	$4\times\phi5$ 表示直径为 5，均匀分布的四个光孔 孔深可与孔径连注，也可以分开注出

（续 表）

零件结构类型		标 注 方 法	说 明
光 孔	精加工孔		光孔深为 12；钻孔后需精加工至 φ5$^{+0.012}_{0}$，深度为 10
	锥销孔		φ5 为与锥销相配的圆锥销小端直径 锥销孔通常是相邻两零件装在一起时加工的
	锥轴、锥孔		当锥度要求准确并为保证一端直径尺寸时，这样标注便于测量和加工
沉 孔	锪平面		锪平 φ16 的深度不需标注；一般锪平到不出现毛面为止
	锥形沉孔		6×φ7 表示直径为 7 均匀分布的六个孔。锥形部分尺寸可以旁注，也可直接注出

（续 表）

零件结构类型		标 注 方 法	说 明
沉孔	柱形沉孔		柱形沉孔的小直径为 φ6，大直径为 φ10，深度为 3.5，均需标注
退刀槽、越程槽			退刀槽宽度应直接注出。直径 D 可注出，也可注出切入深度 a，越程槽按标准注在放大图上
倒角			倒角 45°时，可与倒角的轴向尺寸 C 连注，也可注成 C1（1×45°）、C2（2×45°）；倒角不是 45°时要分开标注
滚花			滚花前的直径尺寸为 D；滚花后为 D+Δ，Δ 为齿深。旁注中的 0.8 为齿的节距 t

2. 键和销的图形与标记

（1）标准键联结　为了使带轮、齿轮等零件与轴一起转动，通常在轮孔和轴上加工出键槽，用标准键将轮和轴联结起来，键联结的表达见图 3-22。

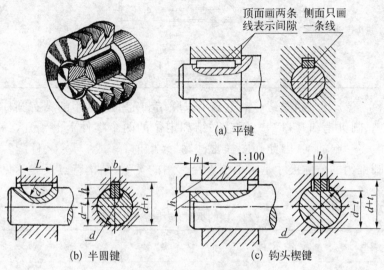

图 3-22　键联结的表达

常用标准件的形式和标记示例见表 3-21。

表 3-21　常用键的形式和标记示例

名　称	图　例	标　记　示　例
普通平键	$C\times45°$　$R=0.5b$	$b=18$ mm，$h=11$ mm，$L=100$ mm 键　18×100（圆头普通平键 A 型可不标 A，B 型、C 型必须在键宽 b 前加注 B 或 C）
半圆键	$C\times45°$	$b=6$ mm，$h=10$ mm，$d_1=25$ mm 键　$6\times10\times25$

（续　表）

名　称	图　　　例	标 记 示 例
钩头楔键	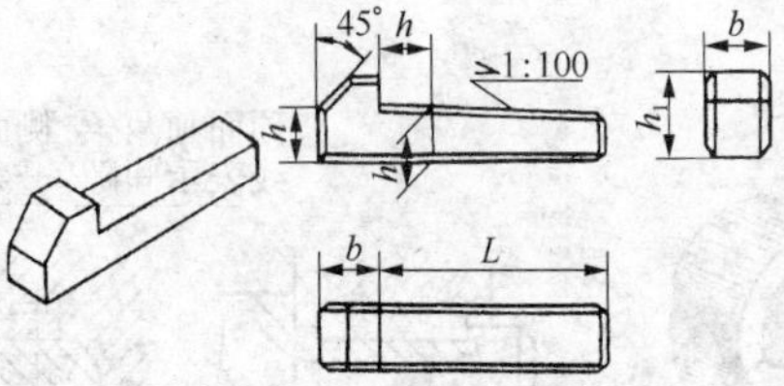	$b = 18$　mm，$h =$ 11 mm，$L=100$ mm 键　18×100

（2）标准销联结　销主要用来联结和定位。常用的销有圆柱销、圆锥销和开口销。用销联结和定位的两个零件上的销孔，一般需一起加工，因此在图样常注写"装配时作"或"与××件配"。圆锥销的公称尺寸是指小端直径。销的类型、结构特点及表达见表 3-22。

表 3-22　销的类型、结构特点及应用

类型	标 记 示 例	结 构 特 点	应 用 举 例
圆柱销	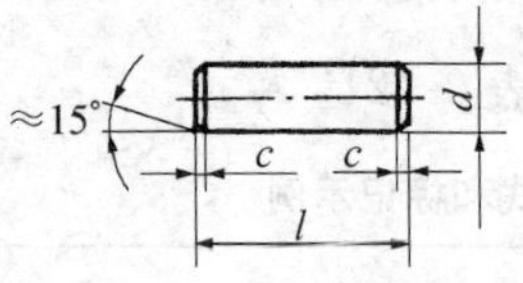 销 GB/T 119—2000 A8×30	主要用于定位，也用于联结。共有 A、B、C、D 四种不同类型	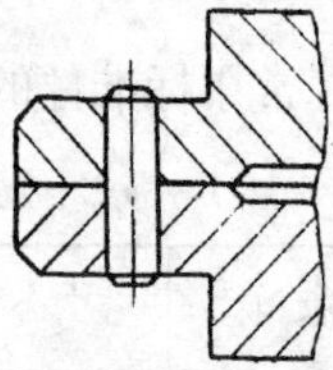
圆锥销	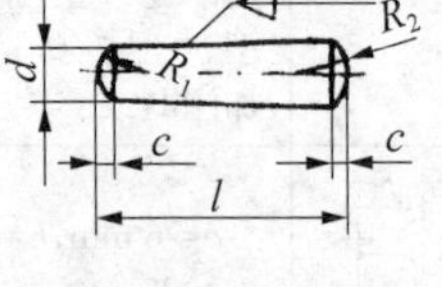 销 GB/T 117—2000 A10×60	圆锥销上有 1：50 的锥度，其小头为公称直径 d。有 A 型（磨削）和 B 型（车削）两种类型	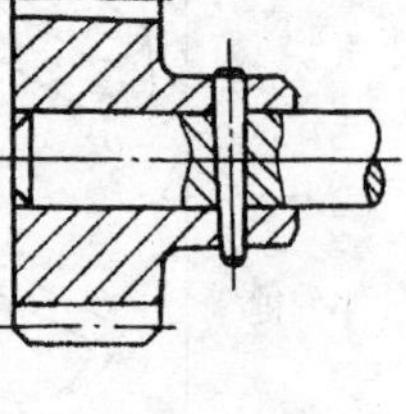

(续　表)

类型	标　记　示　例	结　构　特　点	应　用　举　例
开口销	销 GB/T 91—2000 5×50	用于锁紧螺母和其他零件	

（3）花键联结　常用的花键齿形有矩形和渐开线两种。这种花键联结在轴上制成的花键称为外花键，在孔内制成的花键称为内花键，如图 3-23。

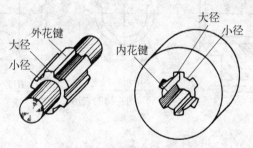

图 3-23　外花键和内花键

根据机械制图（花键表示法）的国家标准（GB/T 4459.3—2000)对花键表达作了规定：外花键在平行于轴线的外形视图中，大径用粗实线、小径用细实线并画入倒角，花键尾部画成与轴线成30°的斜线，尾部末端用两条与轴线垂直的细实线，用移出断面图画出部分或全部齿形，如图 3-24(a)；内花键在平行于轴线的剖视图中，大径与小径均用粗实线，并用局部视图画出部分或全部齿形，如图3-24(b)；花键联结常用剖视表达，其联结部分按外花键表达，如图3-24(c)。

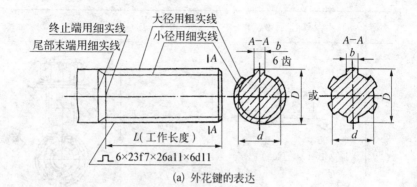

(a) 外花键的表达

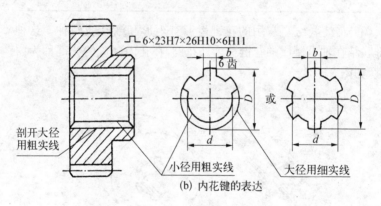

(b) 内花键的表达

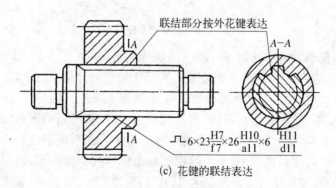

(c) 花键的联结表达

图 3 - 24 花键表达和标注

花键的标记和标注　标记格式为齿形符号　键数×小径公差带代号×大径公差带代号×键宽公差带代号,如:

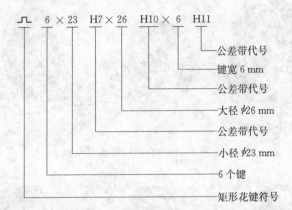

内、外花键联结时公差带代号用分式表示,分子表示花键孔,分母表示花键轴,如:$\sqcap$ $6\times23\dfrac{H7}{f7}\times26\dfrac{H10}{a11}\times6\dfrac{H11}{d11}$,6 表示 6 个键(齿);$23\dfrac{H7}{f7}$表示小径直径及联结配合代号,H7 为孔,f7 为轴;$26\dfrac{H10}{a11}$表示大径直径及联结配合代号,H10 为孔,a11 为轴;$6\dfrac{H11}{d11}$表示键宽及联结配合代号,H11 为孔,d11 为轴。花键在图样上的标注如图3-24。

3. 齿轮的图形与标记

齿轮是机械系统中常见的传动零件,它用传递动力、改变运动速度或旋转方向。常见的齿轮传动类型有圆柱齿轮、锥齿轮和蜗轮蜗杆等,如图 3-25。

(1)圆柱齿轮　圆柱齿轮有直齿、斜齿和人字齿等几种形式,其齿廓曲线一般为渐开线,如图 3-26。直齿圆柱齿轮轮齿结构和主要参数如图 3-27。主要参数有分度圆(直径 d)、齿顶圆(直径 d_a)、齿根圆(d_f)、齿顶高(h_a)、齿根高(h_f)、齿全高(h)、齿距(p)、模数(m)和齿形角(α)等。其中模数 $m=\dfrac{p}{\pi}$,它已标准化,标准模数系列见表

3-23。模数的单位是 mm,图样上只标模数数值,不标单位。

(a) 圆柱齿轮传动　　　(b) 锥齿轮传动　　　(c) 蜗杆传动

图 3 - 25　齿轮传动类型

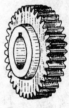  

(a) 直齿　　　　　　(b) 斜齿　　　　　　(c) 人字齿

图 3 - 26　圆柱齿轮

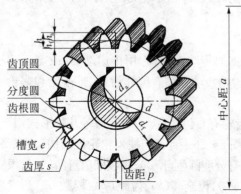 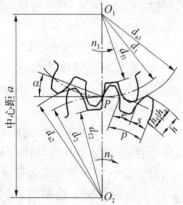

齿顶圆
分度圆
齿根圆
槽宽 e
齿厚 s
齿距 p

图 3 - 27　直齿圆柱齿轮的轮齿结构和主要参数

表 3 - 23　渐开线圆柱齿轮的标准模数系列　　　　（mm）

第一系列	1, 1.25, 1.5, 2, 2.5, 3, 4, 5, 6, 8, 10, 12, 16, 20, 25, 32, 40, 50
第二系列	1.75, 2.25, 2.75, (3.25), 3.5, (3.75), 4.5, 5.5, (6.5), 7, 9, (11), 14, 18

注：优先选用第一系列，其次是第二系列，括号内的模数尽可能不用。

　　齿形角 α 是轮齿在分度圆的啮合点 P 处受力方向与该点速度方向之间的夹角，标准齿轮的齿形角 $\alpha=20°$。一对标准圆柱齿轮啮合时，两个齿轮的模数必须相同（$m_1=m_2$）、齿形角必须相同（$\alpha_1=\alpha_2$）。标准齿轮各部分尺寸计算举例见表 3 - 24。

表 3 - 24　标准齿轮各部分尺寸计算举例　　　　（mm）

基本参数：模数 m，齿数 z		已知：$m=2$，$z=29$	
名　　称	符　号	计 算 公 式	计 算 举 例
齿距	p	$p=\pi m$	$p=6.28$
齿顶高	h_a	$h_a=m$	$h_a=2$
齿根高	h_f	$h_f=1.25m$	$h_f=2.5$
齿高	h	$h=2.25m$	$h=4.5$
分度圆直径	d	$d=mz$	$d=58$
齿顶圆直径	d_a	$d_a=m(z+2)$	$d_a=62$
齿根圆直径	d_f	$d_f=m(z-2.5)$	$d_f=53$
中心距	a	$a=m(z_1+z_2)/2$	

1）单个圆柱齿轮的表达方式

　　齿轮的轮齿部分投影很繁杂也无必要，机械制图（齿轮表示法）的国家标准（GB/T 4459.2—2003）对齿轮表示法作了规定，这样便于制图，同时也便于识图。对于单个齿轮，一般用两个视图或一个视图加一个局部视图表达。在平行于齿轮轴线方向可画成视图、全剖视图或半剖视图。若为斜齿轮或人字齿轮，则用三条与齿线方向一致的细实线表示轮齿的方向。在外形视图中,齿轮的齿顶圆和齿顶线用粗实线表示;分度圆和分度线用细点划线表示;齿根圆和齿根线用细实线表示,但一般都省略不画。在剖视图中,齿根线用粗实线表示,齿顶线与齿根线之间的区域表示轮齿部分,按不剖处理(不画剖面线)。单个圆柱齿轮表达如图 3-28。

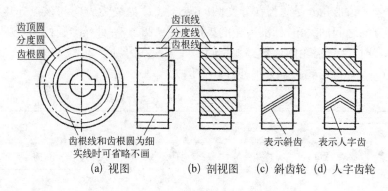

图 3-28 单个圆柱齿轮的表达方式

2)两个齿轮啮合表达 表示齿轮的啮合,一般采用两个视图。一个是垂直于齿轮轴线方向的视图,另一个常画成剖视图。在垂直于齿轮轴线方向的视图中,它们的分度圆成相切关系;齿顶圆有两种表达方式,一种是将两齿顶圆用粗实线分别完整画出,另一种是将两个齿顶圆重叠部分的圆弧省略不画;齿根圆则和单个齿轮的画法相同。在剖视图中,规定在啮合区内一个齿轮的轮齿用粗实线画出,另一个齿轮的轮齿被遮挡的部分用虚线画出,也可省略不画。在平行于齿轮轴线的视图中,啮合区的齿顶线不必画出,只在分度线位置画一条粗实线。啮合表达如图 3-29。

(2)锥齿轮 锥齿轮用于相交成 90° 的两轴间的传动。由于轮齿分布在圆锥面上,所以轮齿的厚度、高度都沿着齿宽方向逐渐变化,即模数是变化的。为了计算和制造方便,规定以大端的模数为标准模数,并以它来计算各部分尺寸。直齿锥齿轮及其有关尺寸见图 3-30。

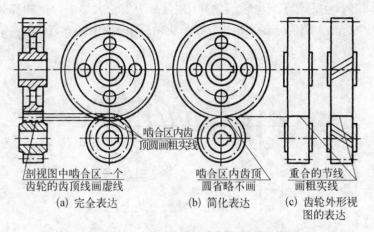

剖视图中啮合区一个
齿轮的齿顶线画虚线

啮合区内齿
顶圆画粗实线

啮合区内齿顶
圆省略不画

重合的节线
画粗实线

(a) 完全表达　　　　　(b) 简化表达　　　(c) 齿轮外形视
图的表达

图 3‒29　两啮合圆柱齿轮的表达方式

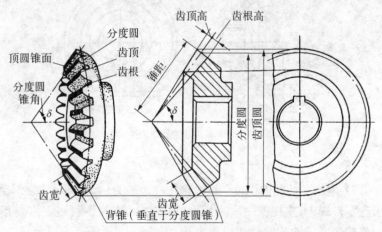

分度圆
顶圆锥面
齿顶
齿根
分度圆
锥角
齿宽
齿顶高　齿根高
锥距
背锥(垂直于分度圆锥)
齿宽
分度圆
齿顶圆

图 3‒30　直齿锥齿轮各部名称和视图

1) 单个锥齿轮表达　在平行于齿轮轴线的视图上作剖视时,轮齿应按不剖处理。在垂直于齿轮轴线的视图上,规定用粗实线画出大端和小端的齿顶圆,用细点划线画出大端的分度圆,大、小端的齿根圆和小端的分度圆不画,如图 3‒31(a)。

2) 两个锥齿轮的啮合表达　锥齿轮的啮合画法与圆柱齿轮基

本相同,在垂直于齿轮轴线的视图上,一个齿轮大端的分度图与另一个齿轮大端的分度线相切。锥齿轮啮合表达如图 3－31(b)。

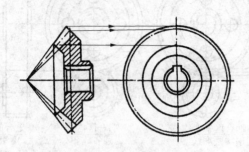

(a) 单个锥齿轮的表达

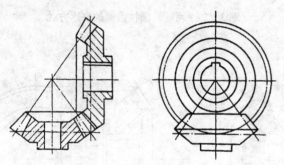

(b) 锥齿轮的啮合表达

图 3－31　锥齿轮表达方式

　　3) 齿轮零件图的识读　　以直齿圆柱齿轮为例,如图 3－32。在齿轮零件图中,主视图一般采用剖视表达,而左视图可根据需要用完整的视图或轴孔的局部视图表达,齿轮齿顶圆、分度圆及齿轮的有关尺寸必须直接注出,而齿根圆直径规定不必注出。除视图等之外,齿轮零件图右上方应列出参数表,填写有关参数。如图 3－32,该零件为圆柱齿轮,材料为 45 号优质碳素结构钢,每台机器件数为1件,按 1：1 原值绘制;该零件采用一个全剖视主视图和一个只表示内孔的局部视图;分度圆直径为 $\phi78$、齿顶圆直径为 $84_{-0.19}^{\ 0}$、内孔直径为 $\phi32_{0}^{+0.2}$(与轴配合时孔为基准孔)、槽深 $35.3_{0}^{+0.2}$、槽宽 $10\pm$

0.018、轮齿宽 28、外圆倒角 $C1(1\times45°)$、内孔倒角 $C2(2\times45°)$ 以及其他部分尺寸；内孔表面和齿面的表面粗糙度 R_a 为 3.2 μm、键槽两侧和齿轮两端面的表面粗糙度 R_a 为 6.3 μm、其余 R_a 为 12.5 μm；齿顶圆对内孔 $\phi32^{+0.2}_{0}$ 轴线基准 A 的径向圆跳动公差为 0.017 mm；对齿轮进行调质热处理，使齿面布氏硬度 HBS200～250，并要求轮齿周缘去除毛刺；从右上方参数表可知，该齿轮模数 m 为 3(mm)、齿数 z 为 26(齿)、齿形角 α 为 20°、齿轮精度为 7FL。

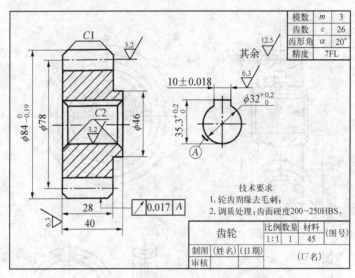

图 3–32　圆柱齿轮的零件图

（3）蜗轮蜗杆　蜗轮蜗杆通常用于两轴垂直交叉的传动，在传动中，蜗杆是主动件，蜗轮是从动件。蜗轮与圆柱斜齿轮相似，但其齿顶面制成环面，蜗杆有单头和多头之分。

蜗杆的表达基本上与圆柱齿轮相同，在两个视图中，齿根线和齿根圆均可省略不画；蜗轮的表达是在垂直于蜗轮轴线的视图中，只画出分度圆和最大圆，齿顶圆和齿根圆不画；蜗轮蜗杆的啮合表达中，一般采用两个视图表达，也可采用全剖视图和局部剖视图，在全剖视图中蜗轮在啮合区被遮挡部分的虚线可以省略不画，局部剖视图中啮合区内蜗轮的齿顶圆和蜗杆的齿顶线也可省略不画。蜗轮蜗杆的规定表达方式如图 3-33。

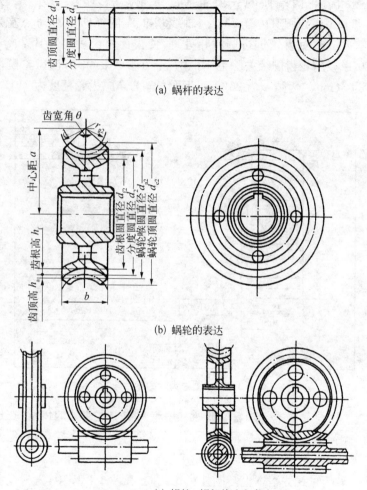

(a) 蜗杆的表达

(b) 蜗轮的表达

(c) 蜗轮、蜗杆的啮合表达

图 3-33　蜗轮、蜗杆表达方式

4. 弹簧的图形与标记

弹簧主要用于夹紧、储能、测力和减振等,其特点是去掉外力后能立即恢复原状,常见弹簧见图 3-34。

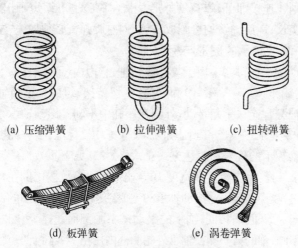

(a) 压缩弹簧   (b) 拉伸弹簧   (c) 扭转弹簧

(d) 板弹簧   (e) 涡卷弹簧

图 3-34 常见的弹簧

机械制图(弹簧表示法)的国家标准(GB/T 4459.4—2003)对弹簧的表达方式作了规定,以螺旋弹簧为例,其规定表达方式如图 3-35。在平行于弹簧轴线的投影图上,其各圈的轮廓线应画成粗直线;有效

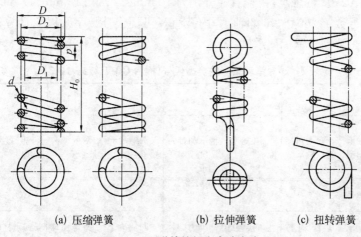

(a) 压缩弹簧   (b) 拉伸弹簧   (c) 扭转弹簧

图 3-35 弹簧的规定表达方式

圈数在四圈以上的弹簧,可只画两端 1～2 圈,中间圈数可省略不画,用细点划线连接即可,弹簧的外形总长(总高)也可缩短画出,但所注尺寸为实长;螺旋弹簧均可画成右旋,但左旋弹簧必须加注"左"字。

5. 滚动轴承的图形与标记

滚动轴承在机器中用于支撑旋转轴,它由内(下)圈、外(上)圈、滚动体(钢球、圆柱滚子、滚针)和隔离圈(保持架)组成。滚动轴承内圈与旋转轴配合连在一起转动,外圈在座孔中不动。滚动轴承是标准组合件,由专业工厂生产,其结构形状尺寸等均已标准化,有标准表格可查。滚动轴承的代号和表达方式见表 3-25(见下页)。在装配图中,根据轴承外径 D、内径 d 和宽度 B 等几个主要参数按比例在轴的一侧近似画出,较详细地表达滚动轴承的主要结构形状,各套圈的剖面线可画成方向一致、间隔相同;轴承的滚动体不画剖面线,隔离圈及倒角均可省略不画;轴的另一侧在轴承外轮廓框内用粗实线画上"十"字。

滚动轴承型号代号标记由类型代号、尺寸系列代号和内径代号三部分组成。滚动轴承的类型代号见表 3-26;尺寸系列代号由轴承的宽(高)系列代号和直径系列代号组成,用两位数字表示;内径代号表示轴承内孔的公称尺寸,由两位数字表示,代号数字为 00、01、02、03 的轴承,内径直径分别为 10 mm、12 mm、15 mm、17 mm,代号数字为 04～96 的轴承,内孔直径可用代号数字乘以 5 计算得到。滚动轴承标记示例:

表 3-26　滚动轴承的类型代号(摘自 GB/T 272—1993)

代号	0	1	2	3	4	5
轴承类型	双列角接触球轴承	调心球轴承	调心滚子轴承和推力调心滚子轴承	圆锥滚子轴承	双列深沟球轴承	推力球轴承
代号	6	7	8	N	U	QJ
轴承类型	深沟球轴承	角接触球轴承	推力圆柱滚子轴承	圆柱滚子轴承	外球面球轴承	四点接触球轴承

表 3 – 25　滚动轴承的代号和表达方式

轴承类型	深沟球轴承（GB/T 276—1993）	圆锥滚子轴承（GB/T 297—1993）	推力球轴承（GB/T 301—1993）
轴承结构			
表达方式			
轴承代号示例	滚动轴承 6 2 12 GB/T 276—1994 内径d=12×5=60 mm 尺寸系列代号 类型代号(深沟球轴承)	滚动轴承 3 03 08 GB/T 297—1994 内径d=08×5=40 mm 尺寸系列代号 类型代号(圆锥滚子轴承)	滚动轴承 5 13 05 GB/T 301—1995 内径d=05×5=25 mm 尺寸系列代号 类型代号(推力球轴承)

例 1　深沟球轴承

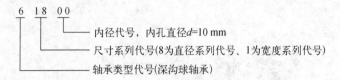

例 2　圆锥滚子轴承

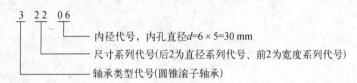

例 3　推力球轴承

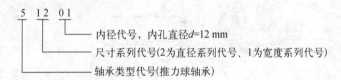

四、典型零件图的识读

机器中有很多零件,种类、形状、结构各不相同,但可归纳为四大类:轴套类、盘盖类、叉架类和箱体类,见表3-27。针对这些零件的形状结构、加工方法、视图表达和技术要求等方面特点来讨论识读零件图的方法和步骤:

表 3-27　各类零件的综合分析

1. 轴套类		
图　例	轮轴	套筒
功用和范围	主要用来传递运动和支承传动件。一般指轴、丝杠、阀杆、曲轴、套筒、轴套等	

(续　表)

1. 轴套类

结构特征	主要由同轴圆柱体、圆锥体组成,长度远大于直径。零件上常有台阶、螺纹、键槽、退刀槽、销孔、中心孔、倒角、倒圆等结构
视图表达	一般只选取一个主视图,零件轴线水平放置。局部细节结构常用局部视图、局部剖视图、断面图及局部放大图表示

2. 盘盖类

图　例	手　轮　　　　　　端　盖
功用和范围	主要作用是传递运动、连接、支承和密封。有手轮、带轮、法兰盘、端盖等
结构特征	主要形体是回转体,也可能是方形或组合形,轴向长度小于直径。常见结构有轴孔、键槽、退刀槽、倒角、凸台、凹坑、均匀分布的孔、轮辐、肋板等
视图表达	主视图一般取剖视图,主要轴线水平放置,常用主、左或主、俯两个基本视图。局部细节常用剖视图、辅助视图、断面图、简化画法表达

3. 叉架类

图　例	连　杆　　　　　　跟刀架
功用和范围	用来操纵、调节连接、支承。包括拨叉、摇臂、拉杆、连杆、支架、支座等
结构特征	形状不规则且复杂,零件由三部分组成:① 工作部分,传递预定动作;② 支承部分,支承或安装固定零件自身;③ 连接部分,连接零件自身的工作部分和支承部分

（续　表）

3. 叉架类

视图表达	主视图常选能突出工作部分和支承部分结构形状的方向,按工作位置或自然位置安放,一般用两三个基本视图。连接部分和细部结构则用局部视图、斜视图、各种剖视图、断面图表示

4. 箱体类

图　例	泵　体　　　　　　　　　箱　壳
功用和范围	是机器和部件的主体零件,用来容纳、支承和固定其他零件。如阀体、泵体、箱体、机座等
结构特征	为空心壳体,其上常有轴孔、结合面、螺孔、销孔、凸台、凹坑、加强肋板及润滑系统等结构
视图表达	主视图多用剖视图突出内部结构形状,以工作位置安放,通常要用三个以上基本视图,再加其他辅助视图,并需恰当而灵活运用各种视图、剖视图、断面图等方法

（1）首先看标题栏　拿到图纸,首先通过标题栏可以了解到该零件的名称、材料、绘图比例等,对零件有一个大致印象;

（2）其次分析图形　先看主视图并联系其他视图,该零件由几个图形来表达,分析这些图形采用什么方法表达,是视图形式还是剖视图、断面图形式,再通过对图形的投影分析想象出该零件的大致结构形状;

（3）然后分析尺寸　对零件的结构基本了解清楚之后,分析零件的尺寸基准、定形尺寸、定位尺寸和总体尺寸等一些重要尺寸;

（4）最后读懂技术要求　对图中各项技术要求,如尺寸公差、形位公差、表面粗糙度以及热处理等对加工方面的要求进行逐个分析,弄清含义,力求对零件有一个正确全面的了解。

在识读并看懂零件图的基础上,作为一名技术工人针对岗位职责,提出该零件的加工方法、加工设备、工夹量具,通过技术操作手段,加工制造出符合质量要求的合格的产品。

1. 轴套类零件图的识读

轴套类零件主要是在车床和磨床上进行加工,其主要结构形状为回转体,由不同直径的圆柱体组成,因此,一般只用一个主视图来表示其主要结构形状,对其内部结构、局部结构等可采用局部剖视、局部视图、局部放大图或断面图等形式来表达。

图 3-36 为泵轴零件图,识读该图方法和步骤如下:

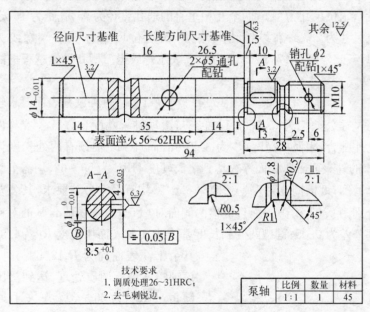

图 3-36 泵轴零件图

(1)看标题栏 从标题栏中可知该零件名称叫泵轴,采用 1:1 比例绘制(即与实物一样大小),所用材料为 45 钢(含碳量 0.45% 的优质碳素结构钢),在一个泵中该零件的数量为 1 根。

(2)分析图形 该泵轴用了四个图形表达。主视图反映了该零件的基本形状,它的主体结构是 $\phi14$、$\phi11$ 等直径不同的圆柱体组成；左边有与轴线相交成 90°的两个圆柱销孔 $\phi5$，在装配时配件；泵轴的中间有开键槽的轴颈 $\phi11$；右端有螺纹 M10，通过螺母压紧齿轮，为防止螺母松动，在轴上钻有销孔 $\phi2$，用开口销插入固定；用移出断面图 $A-A$ 表达轴上的键槽；采用局部剖视图来表达销孔；对轴上微小局部结构，如砂轮越程槽、螺纹退刀槽等采用 I、II 两处局部放大图，均按 2：1 放大绘制。

（3）分析尺寸　该零件以 $\phi14$ 的左端面为长度方向尺寸基准，公共轴线为径向方向的尺寸基准。总长尺寸为 94，总高（总宽）尺寸为 $\phi14$；键槽的长为 10，宽为 4，深（距圆柱底素线）为 8.5（便于测量），定位尺寸为 1.5；两个互相垂直的通孔直径为 $\phi5$，孔距为 16，定位尺寸为 26.5；右端销孔尺寸为 $\phi2$，定位尺寸为 6，右端螺纹为 M10；此外还有 $\phi7.8$、2.5 和 $R0.5$ 表示螺纹退刀槽和砂轮越程槽的尺寸。

（4）看技术要求　图中 $\phi14_{-0.011}^{\ 0}$、$\phi11_{-0.011}^{\ 0}$ 等外圆柱表面要求较高尺寸公差均为 0.011，$\phi14_{-0.011}^{\ 0}$ 与滚动轴承孔配合，$\phi11_{-0.011}^{\ 0}$ 与齿轮孔配合，表面粗糙度 R_a 为 3.2 μm，而且 $\phi14$ 轴颈有两处长度为 14 的外表面需要表面淬火达到洛氏硬度 HRC 为 56～62，均需上磨床磨削；键槽槽宽为 $4_{-0.03}^{\ 0}$、槽深 $8.5_{\ 0}^{+0.1}$ 均有尺寸公差要求，其公差分别为 0.03 和 0.1，而且键槽两侧面对 $\phi11_{-0.011}^{\ 0}$ 轴线基准 B 的对称度公差为 0.05；键槽两侧和长度基准表面的表面粗糙度 R_a 为 6.3，其余未注表面均为 $R_a12.5$；另外，该轴整体进行调质处理，达到洛氏硬度 HRC 为 26～31，并去毛刺锐边。

经上述方法和步骤的识读分析，空间想象出该泵轴的结构形状如图 3-37。

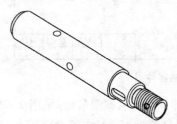

图 3-37　泵轴立体图

2. 盘盖类零件图的识读

盘盖类零件常由轮辐、辐板、键槽、连接孔等结构组成，这类零件的基本形状是平扁的盘状或其他平板形。盘盖类零件较多的工序是在车床上进行加工,一般采用加工位置(或装夹位置)作为主视图投射方向。此类零件多数采用两个基本视图表示其主要形状结构,再选用剖视、断面、局部视图或斜视图等方式来表达其内部和局部结构。

图 3 - 38 为阀盖的零件图,识读该图方法和步骤如下:

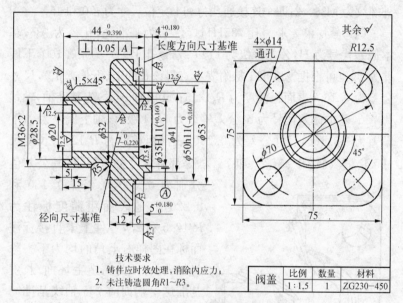

图 3 - 38　阀盖零件图

阀盖	比例	数量	材料
	1:1.5	1	ZG230-450

(1)看标题栏　从标题栏可知该零件名称叫阀盖,采用 1:1.5 的缩小比例绘制,材料为铸钢 ZG230 - 450,在一个阀门中该零件的数量为 1 件。

(2)分析视图　该零件用了两个基本视图来表达,主视图反映沿长度方向的位置关系,并采用单一剖切面的全剖视来表达阀盖内部结构,即显示外螺纹、各台阶圆柱及内孔的形状和彼此的相对位置,左端 M36×2 螺纹用于连接管道,中间方形连接板 75×75 由左视图反映阀盖的外形上面有四个连接孔,以便装配时用螺栓连接,中间方形右边有三个台阶圆柱,内部有三个台阶孔。当然,对于较为复杂的盘盖类零件可能需要用平行的或相交的剖切面剖切或再加局部剖切、局部放大等方式来表达。

(3) 分析尺寸　阀盖以 $\phi50$ 右端面为长度方向尺寸基准,圆孔轴线为径向方向尺寸基准。总长为 48(44+4),总宽为 75;内部阶梯圆柱孔尺寸为 $\phi35$、$\phi20$、$\phi28.5$,外圆柱阶梯外径为 $\phi41$、$\phi50$ 和 $\phi53$,左端外螺纹为 M36×2;四个连接通孔为 $\phi14$,定位尺寸为 $\phi70$ 和 45°。

(4) 看技术要求　孔 $\phi35H11(^{+0.160}_{0})$ 为基准孔,孔径为 $\phi35$,基本偏差代号为 H,公差等级为 IT11 级,该孔上偏差为 +0.160,下偏差为 0(也可根据 $\phi35H11$ 从附表 1 查得该孔的上、下偏差值),尺寸公差为 0.160,表面粗糙度为 $R_a12.5$;$\phi50h11(^{0}_{-0.160})$ 为基准轴,轴颈为 $\phi50$,基本偏差代号为 h,公差等级为 IT11 级,该轴上偏差为 0,下偏差为 -0.160,尺寸公差为 0.160,表面粗糙度为 $R_a12.5$;长度尺寸 $44^{0}_{-0.390}$、$4^{+0.180}_{0}$、$5^{+0.180}_{0}$ 和 $7^{0}_{-0.220}$ 等都有尺寸公差要求,其公差值分别为 0.390、0.180、0.180 和 0.220;其他表面粗糙度标注为 $R_a12.5$ 和 25,零件上未直接标注而标在图样右上角的均为不去除材料表面,即为铸造毛坯面;长度基准这个端面对 $\phi35$ 轴线基准 A 的表面垂直度公差为 0.05;此外铸件应作时效处理,消除内应力,同时未注铸造圆角均为 $R1$~$R3$。

综合上述识读和分析,空间想象出该零件的结构形状如图 3-39。

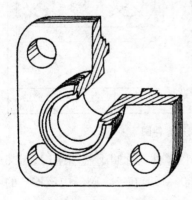

图 3-39　阀盖立体图

3. 叉架类零件图的识读

叉架类零件有支架、轴承座或拨叉等,形状比较复杂,一般常用铸造或模锻并经必要的切削加工而成,具有铸(锻)造圆角、肋板、拔模斜度、凸台凹坑等常见结构,主视图主要考虑形状特征或加工位置。

图 $3-40$ 为支架的零件图,识读方法和步骤如下:

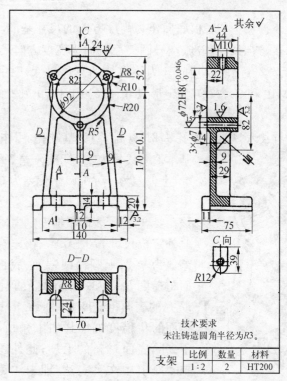

图 $3-40$ 支架零件图

(1)看标题栏 从标题栏可知,该零件名称叫支架,按 $1:2$ 的缩小比例绘制,采用灰铸铁 HT200 作为材料,每一台机器中有支架零件共 2 件。

(2)分析视图 该零件用四个图形来表达,主视图表达外形结构并结合用平行剖切面 A 的全剖视左视图 $A-A$、单一剖切面 D 的全剖视俯视图 $D-D$ 以及 C 向局部视图来表达该支架。由这四个图形分析,该支架上方空心圆筒和下方长方形底板用支承肋板连接支承;在空心圆筒前后面上均布三个通孔,其上方有一个螺孔;底板前方有两条开口槽,用于穿入螺栓固定,在底部对称中心面左、右有两条挖通的长方槽；支承肋板上部为"凵凵"形，下部为"凵"形。

（3）分析尺寸　底板底面作为高度方向的尺寸基准，左、右对称面为长度方向尺寸基准、空心圆筒后端面为宽度方向尺寸基准。尺寸 140、222（170＋52）和 75 为该支架的总体尺寸；图中 $\phi72$、9、110、44、M10 和 $3\times\phi7$ 等为定形尺寸；170 ± 0.1、70、$\phi92$ 和 4 等为定位尺寸。

（4）看技术要求　座孔 $\phi72H8(^{+0.046}_{0})$ 为基准孔，用作配合，其

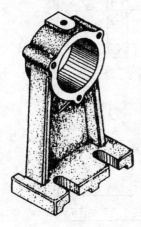

图 3-41　支架立体图

基本偏差代号为 H，标准公差等级为 IT8 级，上偏差为＋0.046，下偏差为 0（也可从附表 1 查得上、下偏差值），公差为 0.046，该孔要求较高，表面粗糙度定为 $R_a1.6\ \mu m$；此外定位尺寸 170 ± 0.1 有公差要求，公差值为 0.2；上圆筒两端面、底板底面表面粗糙度 R_a 为 3.2 μm；螺孔顶面和 $3\times\phi7$ 孔的表面粗糙度 R_a 为 12.5；其余未注表面的粗糙度如图样右上角所标，均为不去除表面材料的毛坯；此外还有一个技术要求用文字表达，即未注铸造圆角半径为 $R3$。

综合上述识读和分析，空间想象出该支架的结构形状为图 3-41 所示。

4. 箱体类零件图的识读

箱体类零件比较复杂，它的总体特点是由薄壁围成不同形状的空腔，用以容纳运动零件和固定零件。箱体类零件多数由铸造成毛坯，再经过必要的机械加工而成。这类零件具有加强肋、凹坑凸台、铸造圆角和拔模斜度等常见结构。

图 3-42 为阀体的零件图，识读方法和步骤如下：

（1）看标题栏　从标题栏看可知，该零件名称叫阀体，材料为

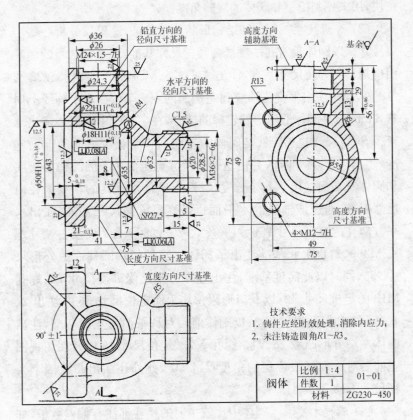

图 3－42　阀体零件图

铸钢 ZG230－450,按 1∶4 缩小比例绘制,每台阀门该零件为 1 件。

(2) 分析图形　该阀体用三个图形表达,主视图采用单一剖切面剖切的全剖视,主要表达阀体内腔形状,结合半剖视的左视图 *A－A*(阀体前半部分剖切,后半部分保留外部形状)可知从上而下有阶梯孔(如螺纹孔、退刀槽等)、下方是 φ43 的圆柱空腔,直连右边的阶梯孔;俯视图反映阀体外形,阀体左端有方形连接板,通过螺纹和连接板与阀盖凸缘配合并连接,阶梯孔上顶端有一个 90°扇形限位块,用来控制扳手和阀体的旋转角度。

(3) 分析尺寸 阀体的结构形状比较复杂,这里仅分析一些主要尺寸。以阀体垂直孔的轴线为径向尺寸基准,通过该轴线的侧平面也是长度方向尺寸基准,注出 $\phi36$、$\phi26$、M24×1.5、$\phi24.3$、$\phi22$ 和 $\phi18$ 等,同时注出垂直孔轴线到左端面的距离 Z1;在水平轴线上向右 8 mm 就是阀体的球形外轮廓的球心,在主视图中由球心注出球半径 SR27.5,向左 Z1 就是阀体的左端面作为长度方向的辅助基准,注出尺寸 41 和 75,并由这两个尺寸确定的 $\phi35$ 的圆柱形槽底和阀体右端面注出了其余长度尺寸;以阀体水平孔的轴线为径向尺寸基准,通过该轴线的水平面也是高度方向尺寸基准,注出水平方向孔的直径尺寸 $\phi50$、$\phi43$、$\phi35$、$\phi20$、$\phi28.5$、$\phi32$ 以及右端外螺纹 M36×2,也由此基准注出了阀体下部的侧垂圆柱面的外形尺寸 $\phi55$,同时以此高度基准,注出左端方形凸缘高度尺寸 75、螺孔 M12 的定位尺寸 49,以及扇形限位块顶面定位尺寸 56 并注出 2、4、29、13 和螺孔退刀槽 3;以阀体前后对称平面为宽度基准,注出阀体左端方形凸缘 75、四个螺孔 M12、定位尺寸 49 以及在俯视图上前后对称扇形限位块的角度尺寸 90°,此外还注出凸缘四个半径尺寸 R13 等。

(4) 看技术要求 阀体中比较主要的尺寸都注有偏差数值,如 $\phi22H11(^{+0.13}_{0})$、$\phi18H11(^{+0.11}_{0})$、$\phi50H11(^{+0.16}_{0})$、(括号内的上下偏差也可根据尺寸、基本偏差代号、标准公差等级由附表 1 查出)$21^{0}_{-0.13}$、$5^{0}_{-0.18}$、$56^{+0.46}_{0}$ 和 90°±1°,它们的公差分别是 0.13、0.11、0.16、0.13、0.18、0.46 和 2°,它们都有相应的表面粗糙度要求,在图上注有 $R_a6.3$、$R_a12.5$、R_a25 以及其余为不去除材料的表面(毛坯);M24×1.5 - 7H 为普通细牙右旋内螺纹,公称直径为 24 mm、螺距为 1.5 mm、中径小径公差带代号均为 7H、中旋合长度,M36×2 - 6g 为普通细牙右旋外螺纹,公称直径为 36 mm、螺距为 2 mm、中径大径公差带代号均为 6 g、中旋合长度;空腔 $\phi35$ 槽的右端面和

$\phi 18H11(^{+0.11}_{0})$圆柱孔轴线相对于 $\phi 35$ 圆柱
槽轴线基准 A 的垂直度公差分别为
0.06 mm 和 0.08 mm；此外图中文字说明
铸件应经时效处理，消除内应力，未注铸
造圆角为 $R1 \sim R3$。

综合上述识读和分析，空间想象出该
阀体的结构形状如图 3-43。

图 3-43　阀体立体图

5. 零件图综合识读示例

在上述识读零件图方法和步骤的基础上，再举例四则，以进一
步深化和巩固。限以篇幅，只对结构形状、尺寸及技术要求作识读
和分析。

例 1　轴。如图 3-44。该轴用六个图形来表达，主视图表达
轴的整体结构，由八段圆柱体组成。左端采用局部剖视，表达内孔、

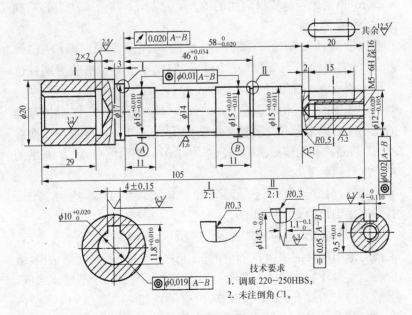

图 3-44　轴

槽长和退刀槽结构，并用移出断面图表达槽宽和槽深；右端也采用局部剖视，表达螺孔和键槽结构，并用移出断面图表示键槽宽和深，另用局部视图表示键槽的具体形状；Ⅰ、Ⅱ两处采用 2∶1 的局部放大图，来表示结构并标注尺寸。

该轴以 $\phi17$ 右端面作为长度方向尺寸基准，由此标注长度尺寸 46、58、20、2、15 等，并由右端为长度辅助基准，标注 105 等；该轴轴线为径向方向也是高度和宽度方向尺寸基准，标注 $\phi20$、$\phi17$、$\phi15$、$\phi14$、$\phi12$ 等轴颈，2 和 29 也是定位尺寸；该轴总长为 105、总高（总宽）为 20。

该轴有三处轴颈以及键宽、槽深的尺寸精度较高，即 $\phi10^{+0.020}_{0}$、$\phi15^{+0.010}_{-0.011}$、$\phi14.3^{0}_{-0.02}$、$\phi12^{+0.020}_{-0.105}$、4 ± 0.15、$4^{0}_{-0.110}$、$11.8^{+0.010}_{0}$ 和 $9.5^{+0.01}_{0}$，这些尺寸的尺寸公差分别是 0.020、0.021、0.020、0.125、0.30、0.110、0.010 和 0.01，以此同时加工表面的表面粗糙度要求也较高，如 $\phi15^{+0.010}_{-0.011}$ 的 R_a 为 1.6 μm，$\phi12^{+0.020}_{-0.105}$ 和 $\phi10^{+0.02}_{0}$ 的 R_a 为 3.2 μm，槽两侧和越程槽两侧的 R_a 为 6.3 μm，其余未注表面粗糙度 R_a 均为 12.5 μm。

该轴两处轴颈 $\phi15^{+0.010}_{-0.011}$ 的轴线为共同基准 $A-B$，左轴颈 $\phi15^{+0.010}_{-0.011}$ 对右轴颈 $\phi15^{+0.010}_{-0.011}$ 互为基准，同轴度公差带形状为圆柱体的公差值 $\phi0.01$；轴颈 $\phi12^{+0.020}_{-0.105}$ 轴线对 $A-B$ 共同基准的同轴度公差带形状为圆柱体的公差值 $\phi0.02$；$\phi10^{+0.020}$ 轴线对 $A-B$ 共同基准的同轴度公差带形状为圆柱体的公差值 $\phi0.019$；$\phi15^{+0.010}_{-0.011}$ 左端面对 $A-B$ 共同基准的端面圆跳动公差为 0.020；槽两侧对 $A-B$ 基准的对称度公差为 0.05。

此外，对该轴材料进行调质处理布氏硬度 HBS 达到 220～250；未注倒角为 $C1(1\times45°)$。

例 2 端盖。材料。如图 3-45 所示，该端盖用两个图形表示，主视图采用组合剖切面 B 的全剖视图 $B-B$，主要表达内部结构，结合表达端盖外形轮廓的左视图可知该零件主要由三个圆柱体组成，水平方向有阶梯孔，上方有螺孔，内有垂直相交的两个 $\phi10$ 同径内孔；$\phi52$ 圆柱左端面有三个螺孔，$\phi90$ 圆柱左端面有六个通孔，即可想象出端盖的空间立体形状。

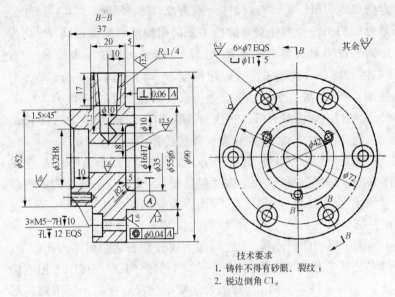

图 3-45 端盖

技术要求
1. 铸件不得有砂眼、裂纹；
2. 锐边倒角 C1。

$\phi16H7$ 内孔轴线是径向尺寸基准，也是高度方向尺寸基准，$\phi90$ 圆柱右端面为长度方向尺寸基准，前后对称面为宽度方向尺寸基准，由此标注相应的定形尺寸和定位尺寸。该端盖总长为 37 mm，总高（总宽）为 90 mm；图中 $\dfrac{3 \times M5 - 7H \; \downarrow 10}{\text{孔} \downarrow 12EQS}$ 表示有 3 个普通粗牙内螺纹，公称直径为 5 mm，右旋，中径和小径（顶径）公差带均为 7H，中旋合长度，螺孔深 10 mm，光孔深 12 mm，圆周方向均布，定位尺寸为 $\phi42$；$\dfrac{6 \times \phi7EQS}{\sqcup \; \phi11 \downarrow 5}$ 表示有 6 个 $\phi7$ 通孔，沉孔 $\phi11$ 锪平深 5 mm，圆周方向均布，定位尺寸为 $\phi72$；$R_c1/4$ 为用螺纹密封的管螺纹，公称直径为 1/4 英寸。

水平方向的阶梯孔 $\phi32H8$，$\phi16H7$ 和轴颈 $\phi55g6$ 是配合圆柱表面，加工时所需的上、下偏差可根据尺寸、基本偏差代号和标准公差等级三个要素从附表 1 和附表 2 查得，即 $\phi32H8(^{+0.039}_{0})$，尺寸公差为 0.039、$\phi16H7(^{+0.018}_{0})$，尺寸公差为 0.018、$\phi55g6(^{-0.010}_{-0.029})$，尺寸公差为 0.019，三个圆柱表面的加工表面粗糙度要求都很高，R_a 均为 1.6 μm，$\phi90$ 圆柱体右端面 R_a 也为 1.6 μm；另外加工表面 R_a 注有 6.3 和 12.5 μm；其余未注表面粗糙度 R_a 均为 25 μm；$\phi55g6$ 轴线对 $\phi16H7$ 轴线基准 A 的同轴度公差为圆柱体公差带，公差值为 $\phi0.04$，$\phi90$ 大圆柱右端面对 $\phi16H7$ 轴线为基准 A 的垂直度公差为 0.06 mm。

此外，铸件不得有砂眼、裂纹；锐边倒角为 $C1(1\times45°)$。

例 3 拨叉。如图 3-46 所示，该零件用了四个图形表达，主视图采用了局部剖视，既表达拨叉整体形状，又表达下部结构的内部形状，结合主要表达外形的左视图以及移出断面图可知，拨叉主要由三部分组成：上方是带 30°倾斜的拨叉叉口，下方为圆筒体，两者中间由十字形肋板连接，三处局部剖视分别表达圆筒体内孔键槽、$\phi9$ 与之垂直相交的锥销孔 $\phi3$ 和叉口下部结构；在左视图上用剖切面 B 切开零件，用移出断面图表达支承连接肋板的十字形结构形状，并用 A 投射方向的斜视图 A 向，表达了该方向圆筒形状和 $\phi9$ 和 $\phi3$ 锥销孔位置。

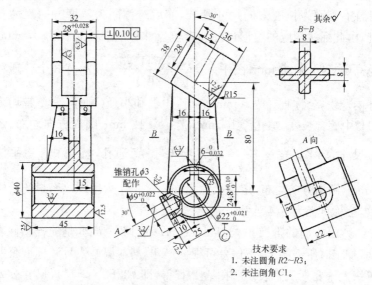

图 3-46 拨叉

以叉口的中心平面为长度尺寸基准,由此标注 28、32、15 和 45 等尺寸,以通过圆筒内孔 $\phi22$ 轴线的水平面为高度尺寸基准,注出 80、$\phi22$、22.8、$\phi40$ 等,以通过内孔轴线的正平面为宽度方向基准,注出槽宽 6、16、16、18、22 和 30°等。

内孔 $\phi22$、$\phi9$ 和叉口距离 28 的尺寸精度要求较高,提出了 $\phi22^{+0.021}_{0}$、$24.8^{+0.10}_{0}$、$28^{+0.028}_{0}$、$6^{0}_{-0.032}$ 的上、下偏差要求,其尺寸公差分别为 0.021、0.10、0.028、0.032,与此同时,表面粗糙度要求相应也高,R_a 为 3.2 和 6.3 μm,其他加工表面 R_a 达到 12.5 和 25 μm,其余为不去除材料的表面,统一标注在右上角;叉口对称中心平面对内孔 $\phi22$ 轴线基准 C 的垂直度公差为 0.10。

此外技术要求是未注铸造圆角为 $R2\sim R3$;未注加工倒角为 $C1(1\times45°)$。

例 4 箱体。如图 3-47 所示,用五个图形表达,主视图采用前

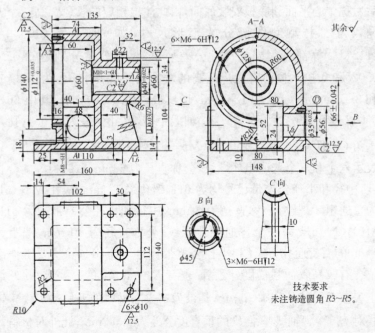

图 3-47 箱体

后对称中心平面的剖切面的全剖视,结合用剖切面 A 的半剖视的左视图以及俯视图、C 向局部视图可知箱体由圆形壳体、圆筒体、底板和肋板等四部分组成。圆形壳体左端处有一个 $\phi112$ 的大圆孔,在直径为 $\phi140$ 的凸缘上均布了六个螺孔;圆形壳体通过半径为 R60 的内腔与圆筒体 $\phi40$ 内孔相通,圆筒体上方有一个带螺孔的圆形凸台,圆形壳体下方前、后各有一个凸缘和内孔 $\phi35$ 与内腔相通,由 B 向局部视图看出,凸缘上有三个螺纹孔;从俯视图可看出,箱体底部是一块带圆角的长方板,板上有六个固定用的光孔,板下有长方凹槽(见虚线部分),左边有一个深为 10、半径为 R20 的弧形槽;底板和圆筒体之间,有一块梯形肋板连接并支承,由主视图上的重合断面图和 C 向局部视图可知肋板的结构形状。

箱体长、宽、高三个方向的尺寸基准分别是圆形壳体左端面、前后对称中心平面和底板安装底面,由此注出相应的长、宽、高三个方向尺寸。主要工作部分的定形尺寸,如 $\phi35^{+0.025}_{0}$、$\phi40^{+0.025}_{0}$、$\phi112^{+0.035}_{0}$ 等都有很高的尺寸公差要求,尺寸公差分别是 0.025、0.025 和 0.035,同时有相应较高的表面粗糙度要求,R_a 为 1.6 μm 和 3.2 μm;定位尺寸 $\phi128$、$\phi45$、104、112、102、30、66 等,其中 66±0.042 是孔 $\phi40^{+0.025}_{0}$ 和 $\phi35^{+0.025}_{0}$ 轴线距离,尺寸公差为 0.084;孔口倒角 C2 即为 $2\times45°$;螺孔 $6\times M6 - 6H \downarrow 12$ 和 $3\times M6 - 6H \downarrow 12$ 表示六个和三个普通粗牙螺纹,公称直径为 6 mm,右旋中等旋合长度,中径和小径公差带代号均为 6H,螺孔深 12 mm,螺孔 M8 - 6H 为普通粗牙螺纹,公称直径为 8 mm,中径和小径公差带同为 6H,$M10\times1 - 6H$ 为一个普通细牙螺纹,公称直径为 10 mm,螺距为 1 mm 的右旋通孔,中径和小径公差带代号均为 6H;除主要工作部位孔有较高表面粗糙度外,底面也有 R_a 1.6 μm 的高要求,此外加工表面 R_a 为 6.3 和 12.5 μm,其余为不去除材料的毛坯;$\phi40^{+0.025}_{0}$ 轴线对 $\phi35^{+0.025}_{0}$ 轴线基准 D 的垂直度公差为 0.03 mm;此外对材料为 HT250 的铸件有未注铸造圆角为 R3～R5 的技术要求。

··[··· 本章小结和注意事项 ···]··

1. 要掌握并会识读零件图中技术要求：如尺寸及其公差配合，懂得基本尺寸、偏差、基本偏差、公差、标准公差等级、配合种类、配合基制及其代号、符号、标记、标注以及查阅上下偏差等；形位公差种类、符号、基准标记及其标注；表面粗糙度的含义、常用评定参数和数值、符号及其标注。

2. 要掌握并会识读常用件、标准件的有关内容：如螺纹基本要素、种类、代号符号、标记、内外螺纹和结合件的表达方式；齿轮主要参数、种类、单个齿轮和啮合齿轮的表达方式；花键、弹簧和滚动轴承的标记标注及表达方式。

3. 熟悉并掌握常用典型零件的识读方法和步骤：如轴套类、盘盖类、叉架类和箱体类的零件图所包含的内容(标题栏、图形、尺寸、技术要求)，通过例题、习题并结合生产实践中零件图样，掌握识读零件图的方法和步骤，深化和巩固识读、读懂零件图的技巧。

··[··· 复习思考题 ···]··

3-1 一张完整的零件图应包含_____、_____、_____和_____等四项内容。

3-2 极限尺寸减基本尺寸所得的差值称为_____。上偏差数值可能是_____值、_____值或_____；下偏差数值可能是_____值、_____值或_____。

3-3 最大极限尺寸减最小极限尺寸的差值叫_____。尺寸公差反映了对零件的_____要求。

3-4 将确定尺寸精度的等级称为_____。"国标"规定公差等级共有_____个，用字母_____表示。_____级等级最高，_____级等级最低。在确保质量前提下，应合理确定公差等级。

3-5　尺寸的上偏差或下偏差靠近零线的那个偏差叫_____，"国标"把孔和轴的基本偏差各规定了_____个。

3-6　配合分为_____、_____和_____三种。_____配合必定会产生间隙，_____配合必定会产生过盈，_____配合可能会产生间隙也可能会产生过盈。

3-7　配合基准制有_____和_____两种，在一般情况下的配合"国标"规定优先采用_____制，但孔与滚动轴承外圈外径配合必定是_____制，轴与滚动轴承内圈内径配合必定是_____制。

3-8　形状和位置公差有_____、_____、_____、_____、_____、_____、_____、_____、_____和线轮廓度、面轮廓度、圆跳动和全跳动共14个项目。

3-9　表面粗糙度是一种微观几何形状误差，评定参数有_____、_____和_____三个，"国标"规定优先选用_____参数来评定。

3-10　螺纹的直径有_____、_____、_____和_____几种名称。_____直径表示螺纹的规格，一般与螺纹大径相等。

3-11　螺纹线数有_____和_____之分。螺距是指螺纹上相邻两牙对应两点间的轴向距离，螺距、导程与线数三者关系是_____。

3-12　普通螺纹有_____和_____之分，_____牙不注螺距，而_____牙必须注上螺距。旋向有_____和_____之分，_____旋不必标注，而_____旋必须标注，符号是 LH。

3-13　齿轮常见的有_____、_____和_____等，而圆柱齿轮有_____、_____和_____齿轮几种。

3-14　一对齿轮啮合，两个齿轮的_____必须相等，_____必须相等。齿轮模数已标准系列化，标准齿轮的齿形角 $\alpha=$ _____。

3-15　识读图3-48所示零件图，回答并填空下列问题：

（1）该零件叫_____，采用_____比例绘图，材料是

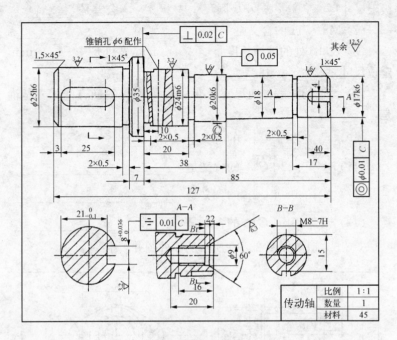

图 3-48(题 3-15)

_____，采用_____个图形表达，其中 A-A 图叫_____，表达_____形状结构，B-B 图叫_____，表达_____形状结构。

（2）主视图中采用了_____，是为了表达_____的形状结构，配作的含义是_____，它的定位尺寸是_____。

（3）尺寸 $2×0.5$ 表示_____，$1×45°$表示_____。

（4）该轴表面粗糙度要求最高处是_____和_____，其 R_a 值为_____μm，$\phi18$ 和 $2×0.5$ 处加工表面的 R_a 值为_____μm。

（5）$\phi17k6$ 的上偏差值是_____，下偏差值是_____，最大极限尺寸是_____，最小极限尺寸是_____，公差是_____。

（6）$\phi25h6$ 的上偏差值是_____，下偏差值是_____，最大极限尺寸是_____,最小极限尺寸是_____,公差是_____。

（7）M8-7H 的含义是_____。

（8）ϕ25h6 处的键槽长度是_____mm，宽度是_____mm，定位尺寸是_____和_____。

（9）该轴的长度方向尺寸基准是_____，径向方向尺寸基准是_____。

（10）| ◎ | ϕ 0.01 | C | 的含义是_____。

（11）| ⊥ | 0.02 | C | 的含义是_____。

（12）| ○ | 0.05 | 的含义是_____。

（13）| = | 0.01 | C | 的含义是_____。

3-16 识读如图 3-49 所示的零件图并填空：

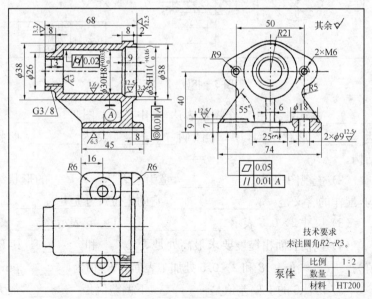

图 3-49(题 3-16)

（1）该零件叫_____，采用_____比例，材料为_____。

（2）该零件采用_____个图形表达结构形状，主视图是剖切面通过_____的全剖视图,在俯、左视图中还采用_____剖视分别表达螺孔_____和底座上光孔_____的结构。

(3) 该零件的长度方向尺寸基准是_____,宽度方向是_____,高度方向是_____。

(4) 零件上的 M6 螺孔共有_____个,$\phi 9$ 光孔共有_____个,其_____方向的定位尺寸是_____,光孔长度方向定位尺寸是_____,螺孔高度方向定位尺寸是_____。

(5) 代号 G3/8 表示_____。

(6) 零件上尺寸精度和表面粗糙度要求最高的表面是_____,其尺寸公差是_____,表面粗糙度 R_a 值是_____ μm。

(7) 未注表面粗糙度的表面要求是_____。

(8) ⊚ | 0.01 | A | 的含义是_____。

(9) ⌀ | 0.02 | 的含义是_____。

(10) // | 0.01 | A | 的含义是_____。

(11) ▱ | 0.05 | 的含义是_____。

(12) 除尺寸公差、形位公差和表面粗糙度等技术要求外,还有_____的技术要求。

3-17 识读图 3-50 所示零件图并填空:

(1) 该零件叫_____,材料为_____,采用_____比例绘图,一台机器(部件)中该零件为_____件。

(2) 该零件采用_____个图形表达结构形状,这些图形名称分别叫_____、_____、_____和_____,主视图还采用_____处_____剖视。

(3) 该零件加工表面要求最高的是_____,表面粗糙度 R_a 值为_____ μm,基本尺寸为_____,上偏差为_____,下偏差为_____,尺寸公差为_____,表面粗糙度 R_a 值为 25 μm 的共有_____处。

(4) 上表面 2 个腰圆形孔的定位尺寸是_____和_____,断

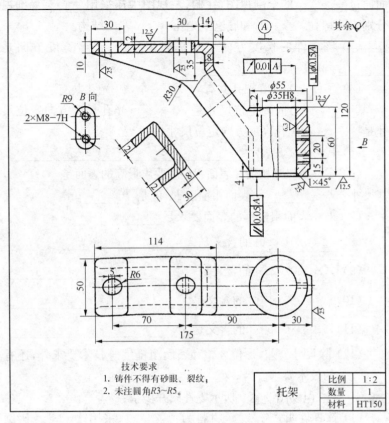

技术要求
1. 铸件不得有砂眼、裂纹；
2. 未注圆角R3~R5。

托架	比例	1:2
	数量	1
	材料	HT150

图 3－50(题 3－17)

面图称为_____,它的定形尺寸是_____、_____和_____。

（5）未标注 R_a 值的表面其表面粗糙度为_____。

（6） $\boxed{\perp \mid \phi 0.15 \mid A}$ 表示被测部位为_____,对基准_____

的_____公差值为_____,公差带形状为_____。

（7） $\boxed{\parallel \mid 0.05 \mid A}$ 表示被测部位为_____,对基准_____

的_____公差值为_____。

（8） $\boxed{\nearrow \mid 0.01 \mid A}$ 表示被测部位为_____,对基准_____

的_____公差值为_____。

（9）该零件标注尺寸的长度方向基准是_____,宽度方向基准是_____,高度方向的基准是_____。

3-18 识读图3-51所示零件图并填空：

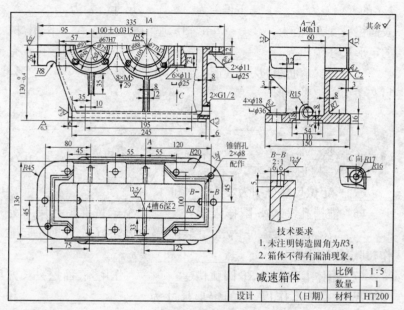

图3-51(题3-18)

（1）该零件叫_____,绘图比例为_____,材料为_____,一台机器该零件为_____件。

（2）该零件用_____个图形表达结构形状,主视图表达了该零件的主要形状并有_____处_____剖视,_____图表达了顶面结构形状_____图采用半剖视形式表达并有_____处局部剖视,B-B图形称为_____,比例为_____,C图形称为_____。

（3）标注尺寸的长度方向基准是_____,宽度方向基准是_____,高度方向基准是_____,该箱体总长_____,总宽_____,总高_____。

(4) 箱体顶面的 R_a 值为 _____ μm,左右两端的八字形槽起 _____ 作用,槽宽为 _____ ,深为 _____ ,槽的 R_a 值为 _____ μm,2 个滑动轴承座孔尺寸分别为 _____ 和 _____ ,$\phi67$ 的上偏差为 _____ ,下偏差为 _____ ,尺寸公差为 _____ ,$\phi77$ 的上偏差为 _____ ,下偏差为 _____ ,尺寸公差为 _____ ,表面粗糙度 R_a 值为 _____ μm,轴承座沟槽起 _____ 作用,槽的定形尺寸为 _____ 、_____ 和 _____ 。轴承座下方有 _____ 条支承肋板,从左视图大致可知 2 条形状为 _____ 形,另 2 条为 _____ 形。

(5) $\dfrac{6\times\phi11}{\square\,\phi25}$ 表示 _____ 个孔径为 _____ ,沉孔孔径 _____ 锪平即可,$\dfrac{8\times M5}{\downarrow 29}$ 表示 _____ 个螺孔公称直径为 _____ ,孔深 _____ ,定位尺寸分别为 _____ 和 _____ 。

(6) 锥销孔 $2\times\phi8$ 配作表示 _____ 个定位锥销孔尺寸为 _____ ,R_a 值为 _____ μm,在装配另一个零件(箱盖)时一起配作,其定位尺寸为 _____ 、_____ 和 _____ 。

(7) 箱体上部左右 R8 圆弧槽起 _____ 作用,底面挖去长方形槽起 _____ 作用,槽的定形尺寸为 _____ 、_____ 和 _____ ,底部共有 _____ 个安装孔,孔径为 _____ ,沉头锪平孔径 _____ ,R_a 值为 _____ μm,底部左右还有 $2\times G1/2$ 表示起 _____ 作用。箱体内部是个空腔,用于安装齿轮传动件和储存润滑油,箱壁壁厚为 _____ 。

(8) 除尺寸精度、形位精度和表面粗糙度的技术要求外,还有 _____ 和 _____ 技术要求,此外零件表面未注 R_a 值的均为 _____ 。

(9) 通过上述分析结合生产实践,你能想象出箱体的整体结构形状吗?

第4章　装配图的识读

本章要点

1. 装配图的作用、内容和识读装配图的目的要求；

2. 装配图中的视图、剖视以及装配图的一般表达和特殊表达方式；

3. 装配图中尺寸种类、标注、零件序号、编排和明细栏作用、排列以及有关技术要求；

4. 识读装配图的方法和步骤。

构成一台机器或一个部件的各个零件,都是根据机器的工作原理和性能指标按一定的技术要求装配在一起的。因此,它们之间应有一定的相对位置、连接方式、配合性质和装拆顺序等关系,这些关系统称为装配关系。把加工好的这些零件按一定的装配关系装配成机器或部件称为装配体,表达装配体结构的图样就称为装配图。因此,不论在加工制造的生产过程中还是在装配、试验、检验和调试过程中都需要应用装配图,同时在维修机器设备、使用设备和说明书时也需要依照装配图。所以装配图是反映设计思想、装配机器和进行技术交流的重要工具,装配图与零件图一样都是生产中的重要技术文件。

一、装配图的主要内容

如图 4-1 为铣刀头立体图,图 4-2 为表达铣刀头立体图的装配图。由图可知,装配图应包含如下内容:

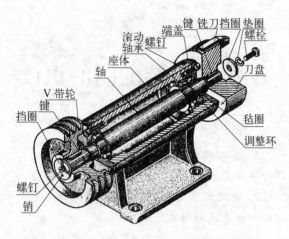

图 4 - 1   铣刀头立体图

1. 一组图形

这组图形包括视图、剖视图、断面图及其他规定画法和特殊表达方法，用来表达机器或部件的结构、零件间相互位置、工作运动情况以及主要零件的基本形状等；

2. 必要的尺寸

表示机器或部件外形、性能、规格、安装、连接以及零件之间的配合尺寸；

3. 技术要求

用文字说明机器或部件装配、检验、调试、验收和使用规则要求等；

4. 标题栏、明细栏和零件序号

用来说明机器或部件的名称、绘图比例、零件名称、编号、材料和数量等。

二、装配图表达方式的识读

零件图中所用的一切表达方法都适用于装配图，但由于装配图表达的是机器或部件的整体结构而不只是单个零件的形状，重点表

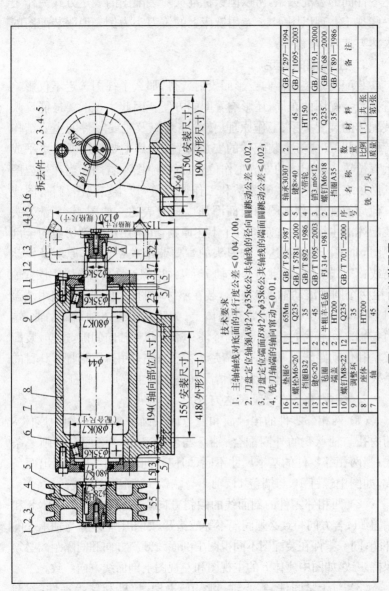

图 4-2 铣刀头装配图

达零件间的装配关系,所以国家标准又对装配图的表达方式另作了一些规定。现以图4-2专用铣床上的铣刀头为例来说明装配图的表达方式,以便识读。

1. 主视图的选定

装配图是装配体向投影面投射所得,那么主视图选定不仅影响着整个装配图的布局,还影响看图的方便。因此主视图要最能反映装配体的装配关系、工作原理、传动路线以及主要零件的主要结构特征,同时又应考虑装配体的安放位置,使其主要轴线置于水平或垂直位置为装配体的安放工作位置,以便绘图和看图。当在主视图上尚未表达清楚的装配关系和工作原理等,可用左视图、俯视图或其他局部视图、剖视图和断面图加以补充表达。如图4-2铣刀头装配体的主视图的选定符合了上述原则,并采用单一剖切面的全剖视图,非常清楚地表达了铣刀头的主要装配关系、工作原理及传动路线:V带轮4通过键5套在轴7上,并用螺钉2等作轴向固定;轴7用两个圆锥滚动轴承6支承,装在座体8的孔内;轴承两端用端盖11压紧,并用螺钉10固紧在座体上;为防灰尘进入轴承或漏油,端盖与轴之间有密封毡圈12;调整环9用于调整轴向间隙,这样,装配关系和传动路线已基本表达清楚。左视图并采用局部剖视,其目的是表示螺钉10在端盖上分布情况和座体的主要形状特征。

2. 装配图上的一般表达方式

(1)两相邻零件的接触面和配合面只画一条线,如图中座体8的内孔与轴承6的外圈配合、轴7与轴承6的内圈配合只画一条线;当两相邻零件的基本尺寸不同,即使其间隙很小,必须画出两条线,如图中螺钉10与端盖11、轴7与端盖11画出两条线。

(2)两相邻零件的剖面线的倾斜方向应相反,如图中座体8和端盖11;若方向一致必须间隔不等或错开,如图中座体8与轴承6的外圈;同一零件在装配图不同视图中剖面线倾斜方向和间隔距离必须保持一致,如图中座体8的主视图和左视图上剖面线方向一致。

(3)对于紧固件、实心轴、键、销、手柄、拉杆和球等零件,若剖切面通过其基本轴线时,这些零件均按不剖切绘制,如图中的轴7、螺钉 10 和键 5、13 等。

(4) 对于螺栓、螺钉等联接件,允许详细画出一处或几处,其余只画中心线位置即可,如图中主视图上的螺钉 10 和左视图上的螺钉中心线。

(5) 滚动轴承是多个零件组合而成的标准件,在装配图中只作一个零件使用,如图中轴承 6。

(6) 零件中某些工艺结构,如倒角、圆角、退刀槽等允许不画,如图中轴 7、端盖 11 和螺钉 10 等工艺结构。

(7) 当零件厚度在 2 mm 以下时,在剖视图或断面图中允许以涂黑代替剖面符号如图 4-5 齿轮泵装配图中垫片 7;若相邻两零件剖面均需涂黑时,两剖面间应留一定间隙,以示区别。

3. 装配图上的特殊表达方式

(1) 在装配图中,当需要表达与装配体有装配关系的相邻零件时,可用双点划线画出相邻件的轮廓线,如图中 $\phi120$ 的铣刀盘。

(2) 在装配图的某个视图上,为了使部件的某些部分表达更清楚,可将某些零件拆卸后绘制,需要说明时可加注"拆去××零件",如图中的左视图上拆去了零件带轮 4、键 5 及序号为 1、2、3 的零件。

(3) 当需要表达传动机构的传动路线和装配关系时,可按传动顺序沿轴剖开,依次展开在一个平面上,如图 4-3。

(4) 当需要表达运动件的极限位置时,可将运动件画在一个位置上,用双点划线画出运动件的运动极限位置,如图 4-3 中手柄的位置Ⅱ和Ⅲ。

(5) 在装配图中,可沿某些零件的结合面选取剖切面进行剖切,结合面上不画剖面线,但轴和螺栓等被切断,应画出剖面线,如图 4-5 齿轮泵装配图左视图中轴和螺钉。

(6) 在装配图中,被弹簧遮盖的零件形体轮廓线,只画到弹簧簧丝剖面轮廓线或其中心线为止;簧丝直径小于 2 mm 时,其剖面可以涂黑表示,簧丝直径小于 1 mm 时,可采用示意画法,如图 4-4 和图 4-13 溢流阀装配图中弹簧 5。

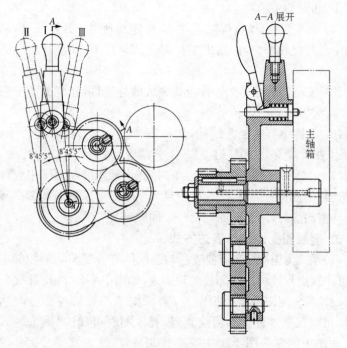

图 4-3 传动机构的展开表达

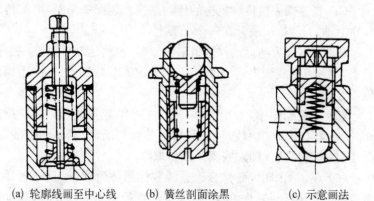

(a) 轮廓线画至中心线　　(b) 簧丝剖面涂黑　　(c) 示意画法

图 4-4 装配图中的弹簧表达

三、装配图上尺寸、序号和明细栏的识读

1. 尺寸

装配图上标注尺寸主要以图 4-2 为例有以下几种：

（1）外形尺寸　表示机器或部件外形轮廓的最大尺寸即总长、总宽和总高尺寸，它为包装、运输和安装所占空间的大小提供了依据，如图中 418、190 和图 4-5 中 158、120、132 等尺寸。

（2）配合尺寸　表示零件之间配合性质的尺寸，如图中轴承外径与座体孔的配合为 $\phi80K7$（基轴制）、轴承内径与轴的配合为 $\phi35k6$（基孔制）、轴与铣刀盘的配合为 $\phi25k6$（基孔制）以及带轮与轴的配合为 $\phi28\dfrac{H8}{k7}$、端盖与座体的配合为 $\phi80\dfrac{K7}{f7}$（混合基制）等，其中轴承、铣刀盘为标准件，所以它们是基准孔或基准轴。

（3）规格性能尺寸　反映机器或部件的性能特点，在设计时确定的，便于用户了解和选用该产品，如图中座体底部到轴中心线的高 115 和铣刀盘 $\phi120$。

（4）安装尺寸　表示机器或部件安装所需的尺寸，如图中 155、150。

（5）相对位置尺寸　表示零件间相对位置关系，如图中 $\phi98$。

（6）其他重要尺寸　它在设计过程中经过计算确定的，如图中主轴直径 $\phi44$、轴径长 55、23、194 以及运动件的运动极限位置尺寸，如图 4-3 中 $8°45'5''$。

当然上述六种尺寸并非每张装配图上都需全部标注，而要结合机器或部件的实际需要标出符合生产、调试、维修和使用所需的尺寸。

2. 序号

装配图中有很多零件，为了达到方便识读和查找零件（部件）之间装配关系的目的，根据国家标准 GB/T 4458.2—2003 对零（部）件的序号必须按某种规律有次序编排作了明确的规定：

（1）相同的几个零件编一个序号，一般只标注一次。必要时可将它们各个重复标注。

（2）标注方法是在零件可见轮廓线范围内画一个小黑点，由此用细实线作为指引线引出，一般再画一段水平细实线或细实线小圆圈，线上或圆圈内注写序号数字，如图 4-2，如果引出处不能画小黑点时可改画箭头指向如图 4-5 中垫片 7。

（3）对于一组紧固件及装配关系清楚的组件，允许采用公共指引线，如图 4-2 中 1、2、3 和 14、15、16。

（4）指引线不互相交错，也不与剖面线平行，必要时可画成折一次的折线，以保持图面的清晰。

（5）编写序号以主视图为主，按顺时针（如图 4-2）或逆时针（如图 4-15 自动送料齿轮箱装配图）方向水平或垂直依次整齐排列。

（6）装配图中的零件序号必须与明细栏中序号一致。

3. 明细栏

装配图中一般应有明细栏，根据技术制图（明细栏）的国家标准 GB/T 10609.2—1989 对明细栏的配置和项目填写方法作出了规定：

（1）明细栏一般由序号、名称、数量、材料、重量、备注等组成，填写内容必须与装配图相一致，如图 4-2 中序号 6 轴承、序号 7 轴、序号 8 座体等。

（2）明细栏一般应画在标题栏上方，按由下而上的顺序填写，如图 4-11 机用平口钳装配图，当位置不够时可紧靠在标题栏的左边由下而上延续，如图 4-2。

（3）当标题栏上方无位置配置明细栏时，可作为装配图续页单独列出，但顺序应变成由上而下延伸。

4. 技术要求

与零件图上技术要求不同，装配图上根据不同性能的机器或部件，其技术要求也就不同。一般可从装配要求、检验要求、使用要求等方面提出，如图 4-2 铣刀头，提出了主轴轴线对底面的平行度公差≤0.04/100；刀盘定位轴颈 A 对两个 ϕ35k6 公共轴线的径向圆跳动公差≤0.02；刀盘定位端面 B 对两个 ϕ35k6 公共轴线的端面圆跳动公差≤0.02；铣刀轴端的轴向窜动≤0.01 等方面的技术要求。

四、识读装配图的目的与方法

1. 识读装配图的目的

识读装配图总的目的要求是：了解装配图中零件的组成、各零件间的相互位置关系、零件的连接和固定、哪些零件可以转动或移动、配合的松紧程度、装配拆卸次序、装配的技术要求，同时结合生产实践，全面了解机器或部件的性能、功用、工作原理、传动路线以及使用特点。

2. 识读装配图的方法

以图 4-5 齿轮泵装配图为例，说明识读的方法和步骤：

（1）概括了解　了解装配体的名称、用途、零件数量、大小以及绘图比例等。由该图的标题栏和明细栏可知，该装配体是齿轮泵，是机床中用于输送润滑油的，该泵共由 15 种零件组成，10 种是非标准件，由生产厂加工制造而得，5 种是标准件，由查阅样本从市场上采购而得。15 种序号按顺时针垂直、水平方向整齐排列，零件序号与明细栏编号完全一致。该泵总长 158 mm、总宽 120 mm、总高 132 mm，按 1∶2 缩小比例绘制。

（2）分析视图　了解视图数量、投影关系和表达方法等。该泵采用两个图形来表达，主视图是用两个相交剖切面 A 的全剖视，表达该泵主要组成零件及装配关系，其中两根齿轮轴 3 和 5 按规定不画剖面线，为表达两齿轮啮合，采用了局部剖视，垫片 7 很薄，序号用箭头指向，不画剖面线，用涂黑表示。左视图采用半剖视，剖切面 B 通过左泵盖 4 和泵体 1 的结合面剖切（不画剖面线，但齿轮轴和螺钉 2 被切断，要画剖面线），可清楚地反映泵的外形和一对齿轮啮合情况，同时采用局部剖视，以表达进、出油口的结构。

（3）分析装配关系和工作原理　两根齿轮轴 3 和 5 装在泵体 1 内并由左泵盖 4 和右泵盖 8 的内孔支承，左、右泵盖与泵体分别用 2 个圆柱销 6（两侧）定位和 6 个螺钉 2（两侧）紧固连接在一起；为防止漏油，在泵体与泵盖的结合面处装入垫片 7，并在齿轮轴 5 伸出端用填料 9 密封，由轴套 11 和压紧螺母 10 紧固压紧；齿轮 13 通过键 12 与齿轮轴 5 联接，并用垫圈 15 和螺母 14 轴向固定。当齿轮 13 由

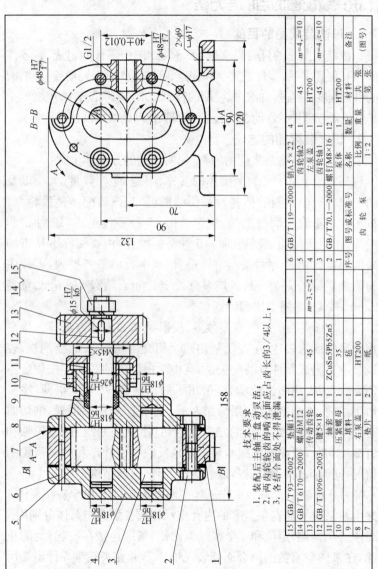

图 4 - 5　齿轮泵装配图

另一传动齿轮(图中未画出)驱动后,通过键使齿轮轴 5 带动齿轮轴 3 一起(按图示箭头方向)旋转;泵的一侧(左视图上右侧)啮合轮齿逐渐脱开,形成真空,通过该处进油口(G1/2)油被吸入泵内,随着齿轮转动,齿槽间的油被不断地送到泵的另一侧(左视图上左侧),啮合轮齿逐渐进入啮合,油由出油口输出。

(4)分析尺寸 尺寸 158、120 和 132 为总体尺寸;齿轮轴与左、右泵盖的配合尺寸为 $\phi18\dfrac{H7}{h6}$(基孔制间隙配合,孔为 $\phi18H7$,轴为 $\phi18h6$)、轴套与右泵盖孔的配合尺寸为 $\phi26\dfrac{H7}{f7}$(基孔制间隙配合,孔为 $\phi26H7$,轴为 $\phi26f7$)、齿轮轴与传动齿轮的配合尺寸为 $\phi15\dfrac{H7}{k6}$(基孔制过渡配合,孔为 $\phi15H7$,轴为 $\phi15k6$)、齿轮与泵体内腔的配合尺寸为 $\phi48\dfrac{H7}{f7}$(基孔制间隙配合,孔为 $\phi48H7$,齿顶圆为 $\phi48f7$);泵体底座上的 90 为安装尺寸;40 ± 0.012 为两齿轮轴的轴距尺寸(相对位置尺寸),这个尺寸准确与否将会影响齿轮的啮合传动,要求较高,设公差为 0.024 mm,70 和 90 也是相对位置尺寸,是设计和安装所要求的尺寸;此外,$\dfrac{2\times\phi9}{\square\phi17}$ 为 2 个 $\phi9$ 的安装连接孔,沉头孔 $\phi17$ 锪平,G1/2 为对外接口管螺纹,公称直径为 1/2 英寸等都是重要尺寸。

(5)阅读技术要求 装配、安装、调试等方面的技术要求,用文字方式表达:装配后主轴手盘动灵活;两齿轮轮齿啮合面应占齿长的 3/4 以上;结合面处不得泄漏。

通过上述分析,最后综合归纳,对装配体的工作原理、装配关系及主要零件的结构形状、尺寸和作用等形成一个完整、清晰的认识,想象出整个装配体的形状结构如图 4-6。

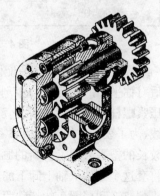

图 4-6 齿轮泵的轴测图

3. 识读装配图的综合示例

例1 识读图4-7所示的拆卸器装配图。

（1）概括了解 由标题栏和明细栏可知，该装配体叫拆卸器，是拆卸紧固在轴上的零件用的，是拆卸工具，由8种零件组成，6种非标准件，2种标准件，按1：2缩小比例绘图。

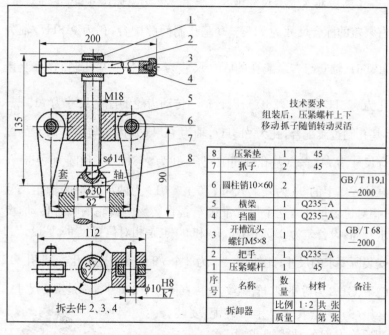

技术要求
组装后，压紧螺杆上下
移动抓子随销转动灵活

8	压紧垫	1	45	
7	抓子	2	45	
6	圆柱销10×60	2		GB/T 119.1—2000
5	横梁	1	Q235—A	
4	挡圈	1	Q235—A	
3	开槽沉头螺钉M5×8	1		GB/T 68—2000
2	把手	1	Q235—A	
1	压紧螺杆	1	45	
序号	名称	数量	材料	备注
拆卸器		比例 1:2	共 张	
		质量	第 张	

图4-7 拆卸器装配图

（2）分析视图 该装配体由两个图形表达，主视图采用通过前后对称平面的剖切面的全剖视图，表达整个拆卸器的结构和外形；压紧螺杆1、把手2和抓子7等紧固件或实心零件按规定未画剖面线，为了表达它们与其相邻零件的装配关系，又作了三处局部剖视，较长的把手采用了折断的画法；并用双点划线特殊假想画法，表达将套这个零件从轴上卸下的功能。俯视图采用拆去把手2、开槽沉头螺钉3和挡圈4的特殊假想画法使俯视图更为清晰，图上采用局部剖视表达圆柱销 6 与横梁 5 的配合情况以及抓子 7 与销、横梁的装配连接情况。由这两个图形将拆卸器和其主要零件的结构形状表达得完整清晰。

(3) 分析装配关系和工作原理　拆卸器中先把压紧螺杆 1 拧过横梁 5 把压紧垫 8 固定在压紧螺杆的球头上；在横梁 5 的两旁用圆柱销 6 各穿上一个抓子 7，最后穿上把手 2，再将把手的穿入端用螺钉 3 将挡圈 4 拧紧，以防止把手从压紧螺杆上脱落。当顺时针转动把手时，则使压紧螺杆转动，由于螺纹的作用，横梁同时沿螺杆上升，通过横梁两端的圆柱销，带动两个抓子上升，被抓子钩住的零件套也一起上升直到从轴上拆下。

(4) 分析尺寸　尺寸 112、200、135 和 $\phi 54$ 等为外形尺寸；尺寸 82 是规格尺寸，表示该拆卸器拆卸零件的最大外径不大于 82 mm；尺寸 $\phi 10\dfrac{H8}{k7}$（基孔制过渡配合）是圆柱销与横梁的配合尺寸；M18、球头 $s\phi 14$ 和压紧垫 $\phi 30$ 是设计确定的重要尺寸。

(5) 看技术要求　组装成拆卸器后，要求压紧螺杆上下移动、抓子随销转动灵活。

通过上述分析，最后综合归纳，对拆卸器的装配关系、工作原理及主要零件的结构形状、尺寸和作用形成了一个完整认识，想象出整个装配体的形状结构如图 4-8。

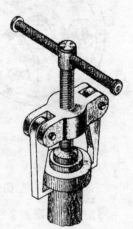

图 4-8　拆卸器立体图

例 2　识读图 4-9 所示的 120°孔钻模装配图。

(1) 概括了解　由标题栏和明细栏可知，该装配体叫 120°孔钻模，是一种具有 120°分布孔的圆盘类零件钻孔用的专用钻模。该钻模由 9 种零件组成，8 种非标准件，1 种标准件，总长、总宽为 $\phi 200$ mm，总高为 180 mm，按 1∶4 缩小比例绘制。

(2) 分析视图　该装配体采用三个图形表达，主视图采用通过前后对称平面的剖切面的全剖视,表达了内部的装配关系,并用特殊假想的画法,将被加工件用双点划线画出其轮廓形状;俯视图采用了局部视图来表达该装配体外形和钻套的分布;左视图采用局部剖视,以保留部分外形,同时又表达内部结构安装关系。

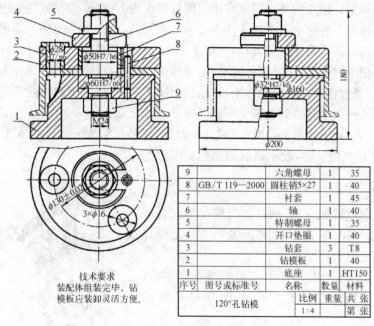

9		六角螺母	1	35
8	GB/T 119—2000	圆柱销5×27	1	40
7		衬套	1	45
6		轴	1	40
5		特制螺母	1	35
4		开口垫圈	1	35
3		钻套	3	T8
2		钻模板	1	40
1		底座	1	HT150
序号	图号或标准号	名称	数量	材料
120°孔钻模		比例	重量	共 张
		1:4		第 张

技术要求
装配体组装完毕,钻模板应装卸灵活方便。

图 4‒9　120°孔钻模装配图

(3)分析装配关系和工作原理　在底座上方安放已压入衬套 7 和钻套 3 的钻模板 2,对齐销孔压入圆柱销 8;轴 6 穿过钻模板和底座,并拧上螺母 9 和开口垫圈 4、特制螺母 5。工件被置于底座 1 和钻模板 2 之间,然后借助拧紧特制螺母 5 压紧。钻头通过钻套 3 的内孔准确地在工件上钻孔。

(4)分析尺寸　尺寸 $\phi60\frac{H7}{n6}$ 和 $\phi28\frac{H7}{n6}$ 分别为衬套 7 与钻模板 2 内孔、钻套 3 与钻模板 2 内孔的基孔制过渡配合,以保证钻孔精度;$\phi50\frac{H7}{h6}$ 为轴 6 与衬套 7 的基孔制间隙配合;$\phi32\frac{H7}{k6}$ 为轴 6 与底

座 1 的基孔制过渡配合;$\phi130\pm0.02$ 为三个钻套的分布直径,设置
公差 0.04 mm,以保证钻孔精度;
M24、$3\times\phi16$ 和 $\phi160$ 是设计确定的
尺寸;总体尺寸为 $\phi200$ 和 180 mm。

(5) 看技术要求　装配体组装
完毕,钻模板应装卸灵活方便。

通过上述分析,最后综合归纳,
在对钻模的装配关系、工作原理及各
主要零件结构了解后,形成了一个较
为完整的认识,想象出整个钻模的形
状结构如图 4 - 10。

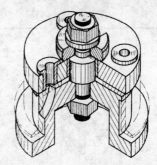

图 4 - 10　120°孔钻模的立体图

(销 8 未画出)

例 3　识读图 4 - 11 所示的机用平口钳装配图。

(1) 概括了解　该装配体名称为机用平口钳,用螺栓固定在机
座上,用来夹住工件进行锉、锯、钻等加工的通用夹具。由 11 种零
件组成,8 种非标准件,3 种标准件。总长、宽、高分别为 220、140 和
70 mm。采用 1∶2 缩小比例绘制。

(2) 分析视图　该装配体用五个图形表达,主视图采用全剖视
(螺杆 4 按规定不画剖面线),表达了各零件间的装配关系和工作原
理;俯视图主要反映在长度和宽度方向的外形,一处局部剖视,表达
钳口板 8 用沉头螺钉 11 紧固在固定钳身 9(和活动钳身 7)上的连
接情况;左视图采用剖切面 B 的 B - B 半剖视,反映平口钳高度、宽
度方向的外形和内部连接;A 向视图表达钳口板 8 的结构形状,其
表面加工成花纹形,以增加夹紧工件的摩擦力;移出断面 16×16 表
示螺杆右端结构形状,用于扳手转动。

(3) 装配关系和工作原理　螺母 6 装入固定钳身 9 的槽内,螺
杆 4 套上挡圈 10 后由右端插入固定钳身内孔,旋入螺母 6 螺纹孔
和左端固定钳身内孔后,左端套上垫圈 3 和 1,轻轻敲入圆锥销 2,
使销、垫圈与螺杆连成一体;钳口板 8 用沉头螺钉 11 分别紧固在固
定钳身和活动钳身上;在螺母 6 上方套上活动钳身并与固定钳身侧
面配合,并用螺钉 5 紧固。用扳手扳动螺杆,通过螺母 6 使活动钳身

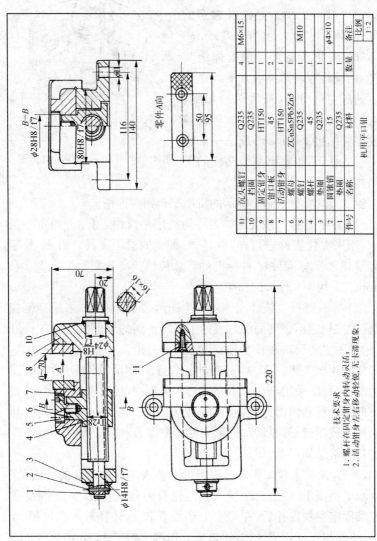

图 4 - 11 机用平口钳装配图

技术要求
1. 螺杆在固定钳身内转动灵活。
2. 活动钳身左右移动轻便，无卡滞现象。

件号	名称	材料	数量	备注
11	沉头螺钉	Q235	4	M6×15
10	挡圈	Q235	1	
9	固定钳身	HT150	1	
8	钳口板	45	2	
7	活动钳身	HT150	1	
6	螺母	ZCuSn5Pb5Zn5	1	
5	螺钉	Q235	1	
4	螺杆	45	1	M10
3	垫圈	Q235	1	
2	圆锥销	15	1	φ4×10
1	垫圈	Q235	1	
件号	名称	材料	数量	备注
	机用平口钳			比例 1:2

沿固定钳身作左右移动，开口便可在 0～70 mm 范围内移动，以此夹紧工件。

（4）分析尺寸　尺寸 $\phi24\dfrac{H8}{f7}$ 是螺杆右端与固定钳身内孔的基孔制间隙配合；$\phi14\dfrac{H8}{f7}$ 是螺杆左端与固定钳身内孔的基孔制间隙配合；$\phi28\dfrac{H8}{f7}$ 是螺母 6 与活动钳身的基孔制间隙配合；$80\dfrac{H8}{f7}$ 为活动钳身内槽与固定钳身侧面的间隙配合，这些配合都是确保平口钳的精度而设置的；116 是平口钳固定在机座上的安装尺寸；0～70 是性能规格尺寸，工件外形尺寸应≤70 mm；Tr28（梯形螺纹，公称直径为28 mm）、$\phi24$ 和 $\phi18$ 是设计确定尺寸；平口钳的总体尺寸为 220、140、70 mm。

（5）看技术要求　机用平口钳装配后螺杆在固定钳身内转动灵活；活动钳身左右移动轻便，无卡滞现象。

综合上述分析，结合装配图对该装配体形成了一个较为完整的空间想象，其各种零件和大致装配位置如图 4-12。

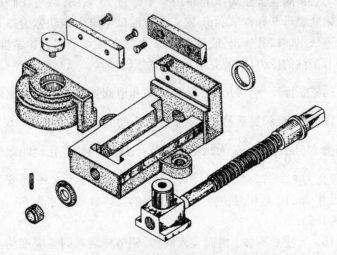

图4-12　机用平口钳零件装配立体图

例 4 识读图 4-13 所示的溢流阀装配图。

(1) 概括了解 该装配体名称为溢流阀,是液压系统中用来控制油液压力的一种液压元件。它由 13 种零件组成,9 种非标准件,4 种标准件。按 1:1(原样)比例绘图。

(2) 分析视图 该装配体由 5 个图形来表达它的结构形状和装配关系。主视图采用通过前、后对称平面的剖切面的全剖视,表达了阀体 1 与滑阀 4、后螺盖 2、弹簧 5、调节杆 11、调节螺母 12、锁紧螺母和螺塞 7 等零件间的装配联接关系;俯视图除表达溢流阀的外形外,还表达了三个安装孔 $\phi9$、进出油孔 $\phi12$ 和 2 个螺塞 7 的相对位置;右视图主要表达阀盖 8 和阀体 1 装配时四个联接螺钉 13 的相对位置;采用剖切面 A 的 $A-A$ 全剖视,表达了进出油孔 $\phi12$ 和安装孔 $\phi9$ 的结构形状;采用剖切面 B 的 $B-B$ 局部剖视,表达阀盖 8 和阀体 1 用螺钉 13 的连接关系。

(3) 装配关系和工作原理 滑阀 4 装入阀体 1 的孔内,在阀体左端拧上装好 O 形密封圈 3 的后螺母 2、螺塞 7 和 O 形密封圈 6;在阀盖 8 孔内套入弹簧 5,推入装有 O 形密封圈 10 的调节杆 11,拧入螺塞 7 后将阀盖合在阀体上并用 4 个螺钉 13 紧固;然后在阀盖上拧入锁紧螺母 9 和调节螺母 12。油由油口Ⅰ进入推动弹簧打开阀口通道从出油口Ⅱ流出;旋动调节螺母 12 便能调节弹簧预紧度,也就调节了油的压力;调节完毕,用锁紧螺母锁紧。

(4) 分析尺寸 $\phi16\dfrac{H7}{h6}$ 是阀体 1 和滑阀 4 之间的基孔制间隙配合,既保证滑阀灵活移动,又保持微小的间隙(阀体孔为 $\phi16H7$,滑阀为 $\phi16h6$);$\phi12\dfrac{H7}{f6}$ 为阀盖与调节杆 11 之间的基孔制间隙配合(阀盖孔为 $\phi12H7$、调节杆为 $\phi12f6$);尺寸 23、13 和 $3\times\phi9$ 是安装尺寸;尺寸 28、10 是相对位置尺寸;该阀的总体外形尺寸为 66、52 和 $140\sim155$ mm。

(5) 看技术要求 滑阀装入阀体、调节杆装入阀盖应推动灵活无卡滞现象;经试验,油压能调节并符合设计要求无渗漏现象。

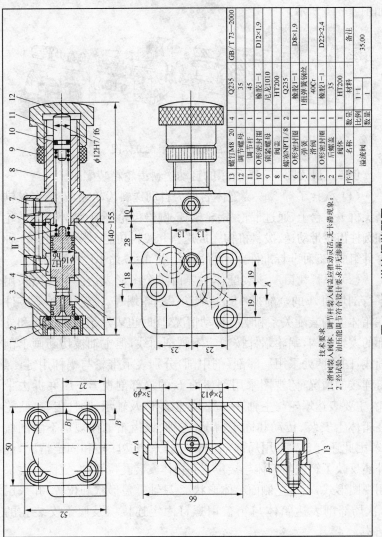

序号	名称	数量	材料	备注
13	螺钉M8×20	4	Q235	GB/T 73—2000
12	调节螺母	1	35	
11	调节杆	1	45	
10	O形密封圈	1	橡胶21—1	D12×1.9
9	锁紧螺母	1	尼龙1010	
8	螺塞NPT1/8	2	HT200	
7	O形密封圈	1	Q235	
6	O形密封圈	1	橡胶21—1	D8×1.9
5	弹簧	1	40Cr	1组弹簧钢丝
4	滑阀	1	35	
3	O形密封圈	1	橡胶21—1	D22×2.4
2	后螺盖	1	HT200	
1	阀体	1		
溢流阀	比例	1:1		35.00
	数量	1		

技术要求
1. 滑阀装入阀体、调节杆装入阀盖应动作灵活，无卡涩现象；
2. 经试验，油压能满足设计要求并无渗漏。

图4—13 溢流阀装配图

综合上述各项分析,了解了零件间装配关系、工作原理、各零件作用大致结构以及装(拆)次序后,归纳想象出溢流阀的零件及组成如图4-14所示。

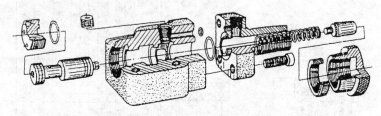

图4-14 溢流阀零件装配立体图

例5 识读图4-15所示的自动送料齿轮箱装配图。

(1)概括了解 该装配体名称为自动送料齿轮箱,安装在丝锥磨尖机工作台上,通过带轮、蜗轮蜗杆、圆锥齿轮传动,使外露的凸轮和圆柱齿轮带动送、拨料机构完成送料和拨料功能。装配体由34种零件组成,25种非标准件,9种标准件。按1:5缩小比例绘图。

(2)分析视图 该装配体主要由三个图形表达。主视图采用平行剖切面A的全剖视A-A,表达了蜗轮蜗杆、带轮、轴承等零件在箱体上的装配关系和啮合传动情况,同时也表示了内部形状和外部的大致结构,蜗轮蜗杆按规定不画剖面线,但主轴被切断画上剖面线,图中两处采用局部剖(剖中剖)分别表示带轮与蜗杆用键、螺钉连接的情况;俯视图采用剖切面B的局部剖视B-B并拆去带轮,主要表达蜗轮与主轴、一对圆锥齿轮以及轴承、圆柱齿轮、凸轮在箱体上安装、传动和固定情况,主轴、锥齿轮轴按规定不画剖面线,因此还有5次采用局部剖(剖中剖)来表达联接和固定情况,此外还反映了箱盖与箱体连接位置和箱体安装孔位置;左视图主要采用视图形式,表达左侧面箱体形状、2只轴承盖形状和位置,并采用3次局部剖表达箱体与箱盖用螺钉固定连接以及底部安装孔的结构。

(3)装配关系和传动工作原理 蜗杆32由2只滚动轴承13和15支承并与蜗轮啮合,蜗杆伸出端通过平键27、锥端紧定螺钉25

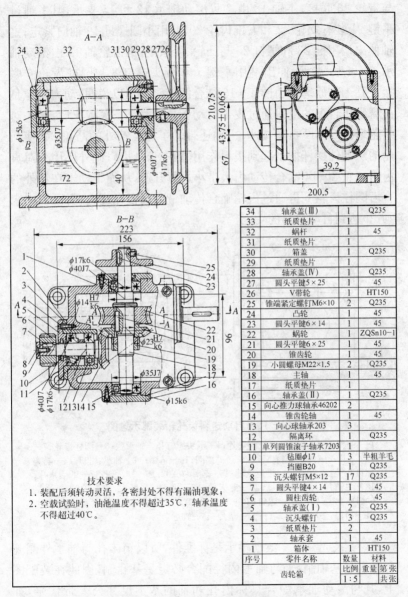

34	轴承盖(Ⅲ)	1	Q235
33	纸质垫片	1	
32	蜗杆	1	45
31	纸质垫片	1	
30	箱盖	1	Q235
29	纸质垫片	1	
28	轴承盖(Ⅳ)	1	Q235
27	圆头平键5×25	1	45
26	V带轮	1	HT150
25	锥端紧定螺钉M6×10	2	Q235
24	凸轮	1	45
23	圆头平键6×14	1	45
22	蜗轮	1	ZQSn10-1
21	圆头平键6×25	1	45
20	锥齿轮	1	45
19	小圆螺母M22×1.5	2	Q235
18	主轴	1	45
17	纸质垫片	1	
16	轴承盖(Ⅱ)	1	Q235
15	向心推力球轴承46202	2	
14	锥齿轮轴	1	45
13	向心球轴承203	3	
12	隔离环	1	Q235
11	单列圆锥滚子轴承7203	1	
10	毡圈φ17	3	半粗羊毛
9	挡圈B20	1	Q235
8	沉头螺钉M5×12	17	Q235
7	圆头平键4×14	1	45
6	圆柱齿轮	1	45
5	轴承盖(Ⅰ)	2	Q235
4	沉头螺钉	3	Q235
3	纸质垫片	2	
2	轴承套	1	45
1	箱体	1	HT150
序号	零件名称	数量	材料
齿轮箱	比例 1:5	重量	第张 共张

技术要求
1. 装配后须转动灵活，各密封处不得有漏油现象；
2. 空载试验时，油池温度不得超过35℃，轴承温度不得超过40℃。

图4-15 自动送料齿轮箱装配图

与带轮 26 联接；主轴 18 由 2 只滚动轴承 13 和 15 支承，其上通过平键 21 装有蜗轮 22 和大锥齿轮 20，并用小圆螺母 19 轴向紧定；主轴伸出端用键 23 和螺钉 25 与凸轮 24 联接；锥齿轮轴 14 由滚动轴承 11 和 13 支承，伸出端用平键 7 和沉头螺钉 8 与圆柱齿轮 6 联接。其工作原理可由图 4-16 结合图 4-15 加以说明：动力来源是由磨尖机台下的电机通过皮带带动 V 带轮 26 一次减速后，经一对蜗轮蜗杆 22、32 再次减速；主轴还带动了露在箱外的凸轮 24，使凸轮的从动件摆杆摆动起到拨料作用（图中未画出）；此外还用一对直齿锥齿轮 20、14 啮合传动由大带小进行升速，从而带动露在箱外的直齿圆柱齿轮 6 再通过齿轮啮合传动带动两根螺旋送料杆（图中未画出）达到自动送料的功能。

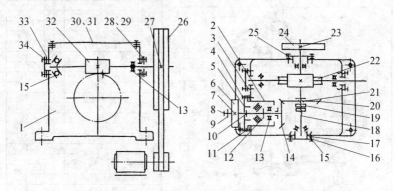

图 4-16 自动送料齿轮箱装配示意图

1—箱体；2—轴承套；3—纸质垫片；4—沉头螺钉；5—轴承盖；6—圆柱齿轮；7—键 4×14；8—沉头螺钉 M5×12；9—挡圈；10—毡圈；11—轴承 7203；12—隔离环；13—轴承 203；14—锥齿轮轴；15—轴承 46202；16—轴承盖；17—纸质垫片；18—主轴；19—小圆螺母；20—锥齿轮；21—平键 6×25；22—蜗轮；23—平键 6×14；24—凸轮；25—螺钉；26—V 带轮；27—平键；28、29—轴承盖、垫片；30、31—箱盖、垫片；32—蜗杆；33—垫片；34—轴承盖

（4）尺寸分析 滚动轴承是标准件，所以箱体孔与轴承外圈配合必定是基轴制，轴与轴承内径配合必定是基孔制，因此在装配图上，凡与滚动轴承配合只标内孔和轴的基本尺寸公差带代号，如 $\phi 15k6$、$\phi 17k6$ 均为轴的尺寸（基孔制过渡配合），$\phi 35J7$、$\phi 40J7$ 均为

孔的尺寸(基轴制过渡配合);尺寸 $\phi23^{H7}/_{k6}$ 为主轴与蜗轮、锥齿轮的基
孔制过渡配合;$\phi14^{H7}/_{k6}$ 为锥齿轮轴与圆柱齿轮的基孔制过渡配合;
156、96 为安装孔的定位尺寸;43.75±0.065、39.2 为蜗杆与主轴之间
轴距尺寸和 67.72 均为设计确定的重要尺寸;40 表示箱内润滑油面
高度;该齿轮箱的总体外形尺寸为
223、200.5 和 210.75。

(5)看技术要求　装配体组装
后,应转动灵活,各密封处不得有
漏油现象;空载试验时,油池温度
不得超过 35℃,轴承温度不得超
过 40℃。

综合上述分析,对齿轮箱结构、
装配关系、工作原理以及连接情况
有了较完整的概念,由此可空间想
象出该装配体的立体形状,如图
4-17。

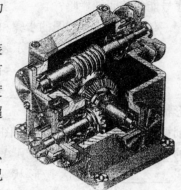

**图 4-17　自动送料齿
轮箱立体图**

···[··· 本章小结和注意事项 ···]···

1. 必须注意并掌握装配图的一般规定和特殊规定表达方式,
便于识读装配图;

2. 必须注意并会区分装配图内容与零件图内容的相同和不同
处,例如尺寸种类、序号明细栏以及技术要求等,尤其要会识读图中
标注的配合代号和含义,并能根据附表 1 和 2 查阅上、下偏差值;

3. 应特别注意阅读装配图示例并通过习题和生产实践逐步熟
悉掌握识读装配图的方法和步骤。

···[··· 复习思考题 ···]···

4-1　什么是装配图? 它有什么作用? 一张完整的装配图应

包括哪些内容？

4-2 装配图有哪些规定画法和特殊画法？装配图上会出现哪些尺寸？

4-3 编排零件序号有哪些规定？序号与明细栏有哪些关联？序号能代替明细栏吗？

4-4 识读装配图的步骤和方法是什么？

4-5 识读图 4-18 所示装配图并填空：

(1) 该装配体叫_____，共有_____个零件，其中标准件_____件，非标准件_____件。装配体用_____个图形表达形状结构，其中主视图采用_____的剖切方法得到的是_____剖视图，上方画出的双点画线图形表示_____，是装配图中的_____画法，俯视图采用 A 剖切平面的_____剖视，序号 4 叫_____，为表达其形状采用了_____视图，序号 3 叫_____，为表达其内部结构采用了_____图，可以看出是_____个直径相等、互相垂直相交的_____，其相贯线为_____，为表达螺杆螺纹形状采用了_____剖视。

(2) 该装配体的外形尺寸是_____和_____，尺寸 275 表示_____。

(3) 序号 6 名称叫_____，用材料_____制作，两边均采用_____画法表达。

(4) $\phi 65 \dfrac{H9}{h8}$ 表示_____与_____的配合，其基本尺寸为_____，孔的公差带代号为_____轴的公差带代号为_____，孔与轴采用基_____制_____配合。

(5) 螺杆是通过_____来达到升降顶起重物。螺杆上标注的 Tr50×14(P7) 表示_____。

(6) 序号 7 叫做_____，它起_____作用，是公称直径为_____的普通粗牙螺纹。

(7) 装配件的技术要求有_____、_____和_____。

(8) 根据上述分析,试想象该螺旋千斤顶整体结构形状。

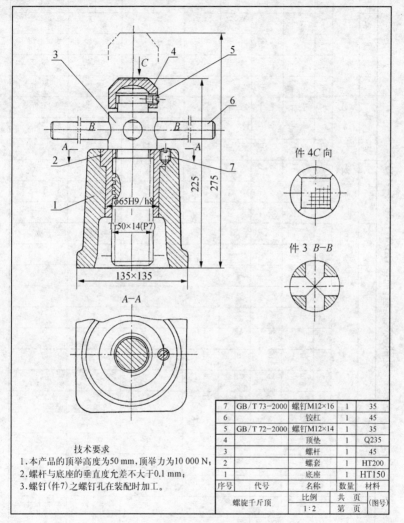

7	GB/T 73-2000	螺钉M12×16	1	35
6		铰杠	1	45
5	GB/T 72-2000	螺钉M12×14	1	35
4		顶垫	1	Q235
3		螺杆	1	45
2		螺套	1	HT200
1		底座	1	HT150
序号	代号	名称	数量	材料
螺旋千斤顶		比例	共　页	(图号)
		1:2	第　页	

技术要求
1.本产品的顶举高度为50 mm,顶举力为10 000 N;
2.螺杆与底座的垂直度允差不大于0.1 mm;
3.螺钉(件7)之螺钉孔在装配时加工。

图 4‑18　螺旋千斤顶装配图(题 4‑5)

附表 1 孔的极限偏差 (摘自 GB/T 1800.4—1999)

/μm

基本尺寸/mm 大于~至	A 11	B 11	C *11	D *9	E 8	F *8	G *7	H 6	H *7	H 8	H *9	H 10	H *11	H 12	JS 6	JS 7	K 6	K *7	K 8	M 7	N 6	N 7	P 6	P *7	R 7	S *7	T 7	U *7
— ~ 3	+330 / +270	+200 / +140	+120 / +60	+45 / +20	+28 / +14	+20 / +6	+12 / +2	+6 / 0	+10 / 0	+14 / 0	+25 / 0	+40 / 0	+60 / 0	+100 / 0	±3	±5	0 / -6	0 / -10	0 / -14	-2 / -12	-4 / -10	-4 / -14	-6 / -12	-6 / -16	-10 / -20	-14 / -24	—	-18 / -28
3 ~ 6	+345 / +270	+215 / +140	+145 / +70	+60 / +30	+38 / +20	+28 / +10	+16 / +4	+8 / 0	+12 / 0	+18 / 0	+30 / 0	+48 / 0	+75 / 0	+120 / 0	±4	±6	+2 / -6	+3 / -9	+5 / -13	0 / -12	-5 / -13	-4 / -16	-9 / -17	-8 / -20	-11 / -23	-15 / -27	—	-19 / -31
6 ~ 10	+370 / +280	+240 / +150	+170 / +80	+76 / +40	+47 / +25	+35 / +13	+20 / +5	+9 / 0	+15 / 0	+22 / 0	+36 / 0	+58 / 0	+90 / 0	+150 / 0	±4.5	±7	+2 / -7	+5 / -10	+6 / -16	0 / -15	-7 / -16	-4 / -19	-12 / -21	-9 / -24	-13 / -28	-17 / -32	—	-22 / -37
10 ~ 14	+400 / +290	+260 / +150	+205 / +95	+93 / +50	+59 / +32	+43 / +16	+24 / +6	+11 / 0	+18 / 0	+27 / 0	+43 / 0	+70 / 0	+110 / 0	+180 / 0	±5.5	±9	+2 / -9	+6 / -12	+8 / -19	0 / -18	-9 / -20	-5 / -23	-15 / -26	-11 / -29	-16 / -34	-21 / -39	—	-26 / -44
14 ~ 18	+400 / +290	+260 / +150	+205 / +95	+93 / +50	+59 / +32	+43 / +16	+24 / +6	+11 / 0	+18 / 0	+27 / 0	+43 / 0	+70 / 0	+110 / 0	+180 / 0	±5.5	±9	+2 / -9	+6 / -12	+8 / -19	0 / -18	-9 / -20	-5 / -23	-15 / -26	-11 / -29	-16 / -34	-21 / -39	—	-26 / -44
18 ~ 24	+430 / +300	+290 / +160	+240 / +110	+117 / +65	+73 / +40	+53 / +20	+28 / +7	+13 / 0	+21 / 0	+33 / 0	+52 / 0	+84 / 0	+130 / 0	+210 / 0	±6.5	±10	+2 / -11	+6 / -15	+10 / -23	0 / -21	-11 / -24	-7 / -28	-18 / -31	-14 / -35	-20 / -41	-27 / -48	—	-33 / -54
24 ~ 30	+430 / +300	+290 / +160	+240 / +110	+117 / +65	+73 / +40	+53 / +20	+28 / +7	+13 / 0	+21 / 0	+33 / 0	+52 / 0	+84 / 0	+130 / 0	+210 / 0	±6.5	±10	+2 / -11	+6 / -15	+10 / -23	0 / -21	-11 / -24	-7 / -28	-18 / -31	-14 / -35	-20 / -41	-27 / -48	-33 / -54	-40 / -61
30 ~ 40	+470 / +310	+330 / +170	+280 / +120	+142 / +80	+89 / +50	+64 / +25	+34 / +9	+16 / 0	+25 / 0	+39 / 0	+62 / 0	+100 / 0	+160 / 0	+250 / 0	±8	±12	+3 / -13	+7 / -18	+12 / -27	0 / -25	-12 / -28	-8 / -33	-21 / -37	-17 / -42	-25 / -50	-34 / -59	-39 / -64	-51 / -76
40 ~ 50	+480 / +320	+340 / +180	+290 / +130	+142 / +80	+89 / +50	+64 / +25	+34 / +9	+16 / 0	+25 / 0	+39 / 0	+62 / 0	+100 / 0	+160 / 0	+250 / 0	±8	±12	+3 / -13	+7 / -18	+12 / -27	0 / -25	-12 / -28	-8 / -33	-21 / -37	-17 / -42	-25 / -50	-34 / -59	-45 / -70	-61 / -86
50 ~ 65	+530 / +340	+380 / +190	+330 / +140	+174 / +100	+106 / +60	+76 / +30	+40 / +10	+19 / 0	+30 / 0	+46 / 0	+74 / 0	+120 / 0	+190 / 0	+300 / 0	±9.5	±15	+4 / -15	+9 / -21	+14 / -32	0 / -30	-14 / -33	-9 / -39	-26 / -45	-21 / -51	-30 / -60	-42 / -72	-55 / -85	-76 / -106
65 ~ 80	+550 / +360	+390 / +200	+340 / +150	+174 / +100	+106 / +60	+76 / +30	+40 / +10	+19 / 0	+30 / 0	+46 / 0	+74 / 0	+120 / 0	+190 / 0	+300 / 0	±9.5	±15	+4 / -15	+9 / -21	+14 / -32	0 / -30	-14 / -33	-9 / -39	-26 / -45	-21 / -51	-32 / -62	-48 / -78	-64 / -94	-91 / -121

（续　表）

基本尺寸/mm 大于	至	A	B	C	D	E	F	G	H							JS		K			M	N		P		R	S	T	U
		11	11	*11	*9	8	*8	*7	6	*7	*8	*9	10	*11	12	6	7	6	*7	8	7	6	7	6	*7	7	*7	7	*7
80	100	+600/+380	+440/+220	+390/+170	+207/+120	+126/+72	+90/+36	+47/+12	+22/0	+35/0	+54/0	+87/0	+140/0	+220/0	+350/0	±11	±17	+4/−18	+10/−25	+16/−38	0/−35	−16/−38	−10/−45	−30/−52	−24/−59	−38/−73	−58/−93	−78/−113	−111/−146
100	120	+630/+410	+460/+240	+400/+180																						−41/−76	−66/−101	−91/−126	−131/−166
120	140	+710/+460	+510/+260	+450/+200	+245/+145	+148/+85	+106/+43	+54/+14	+25/0	+40/0	+63/0	+100/0	+160/0	+250/0	+400/0	±12.5	±20	+4/−21	+12/−28	+20/−43	0/−40	−20/−45	−12/−52	−36/−61	−28/−68	−48/−88	−77/−117	−107/−147	−155/−195
140	160	+770/+520	+530/+280	+460/+210																						−50/−90	−85/−125	−119/−159	−175/−215
160	180	+830/+580	+560/+310	+480/+230																						−53/−93	−93/−133	−131/−171	−195/−235
180	200	+950/+660	+630/+340	+530/+240	+285/+170	+172/+100	+122/+50	+61/+15	+29/0	+46/0	+72/0	+115/0	+185/0	+290/0	+460/0	±14.5	±23	+5/−24	+13/−33	+22/−50	0/−46	−22/−51	−14/−60	−41/−70	−33/−79	−60/−106	−105/−151	−149/−195	−219/−265
200	225	+1030/+740	+670/+380	+550/+260																						−63/−109	−113/−159	−163/−209	−241/−287
225	250	+1110/+820	+710/+420	+570/+280																						−67/−113	−123/−169	−179/−225	−267/−313

（续表）

公差等级（单位：μm）

基本尺寸/mm 大于	至	A 11	B 11	C *11	D *9	E 8	F *8	G *7	H 6	H *7	H *8	H *9	H 10	H *11	H 12	JS 6	JS 7	K 6	K *7	K 8	M 7	N 6	N 7	P 6	P *7	R 7	S *7	T 7	U *7
250	280	+1240 / +920	+800 / +480	+620 / +300	+320 / +190	+191 / +110	+137 / +56	+69 / +17	+32 / 0	+52 / 0	+81 / 0	+130 / 0	+210 / 0	+320 / 0	+520 / 0	±16	±26	+5 / -27	+16 / -36	+25 / -56	0 / -52	-25 / -57	-14 / -66	-47 / -79	-36 / -88	-74 / -126	-138 / -190	-198 / -250	-295 / -347
280	315	+1370 / +1050	+860 / +540	+650 / +330																						-78 / -130	-150 / -202	-220 / -272	-330 / -382
315	355	+1560 / +1200	+960 / +600	+720 / +360	+350 / +210	+214 / +125	+151 / +62	+75 / +18	+36 / 0	+57 / 0	+89 / 0	+140 / 0	+230 / 0	+360 / 0	+570 / 0	±18	±28	+7 / -29	+17 / -40	+28 / -61	0 / -57	-26 / -62	-16 / -73	-51 / -87	-41 / -98	-87 / -144	-169 / -226	-247 / -304	-369 / -426
355	400	+1710 / +1350	+1040 / +680	+760 / +400																						-93 / -152	-187 / -244	-273 / -300	-414 / -471
400	450	+1900 / +1500	+1160 / +760	+840 / +440	+385 / +230	+232 / +135	+165 / +68	+83 / +20	+40 / 0	+63 / 0	+97 / 0	+155 / 0	+250 / 0	+400 / 0	+630 / 0	±20	±31	+8 / -32	+18 / -45	+29 / -68	0 / -63	-27 / -67	-17 / -80	-55 / -95	-45 / -108	-103 / -166	-209 / -272	-307 / -370	-467 / -530
450	500	+2050 / +1650	+1240 / +840	+880 / +480																						-109 / -172	-229 / -292	-337 / -400	-517 / -580

注:带"*"者为优先选用的,其他为常用的。

附表2 轴的极限偏差(摘自 GB/T 1800.4—1999)

/μm

基本尺寸/mm 大于	至	a	b	c	d	e	f	g	h	h	h	h	h	h	h	h	is	k	m	n	p	r	s	t	u	v	x	y	z
代号/等级		11	11	*11	*9	8	*7	*6	5	*6	*7	8	*9	10	*11	12	6	*6	6	*6	*6	6	*6	6	*6	6	6	6	6
—	3	−270/−330	−140/−200	−60/−120	−20/−45	−14/−28	−6/−16	−2/−8	0/−4	0/−6	0/−10	0/−14	0/−25	0/−40	0/−60	0/−100	±3	+6/0	+8/+2	+10/+4	+12/+6	+16/+10	+20/+14	—	+24/+18	—	+26/+20	—	+32/+26
3	6	−270/−345	−140/−215	−70/−145	−30/−60	−20/−38	−10/−22	−4/−12	0/−5	0/−8	0/−12	0/−18	0/−30	0/−48	0/−75	0/−120	±4	+9/+1	+12/+4	+16/+8	+20/+12	+23/+15	+27/+19	—	+31/+23	—	+36/+28	—	+43/+35
6	10	−280/−370	−150/−240	−80/−170	−40/−76	−25/−47	−13/−28	−5/−14	0/−6	0/−9	0/−15	0/−22	0/−36	0/−58	0/−90	0/−150	±4.5	+10/+1	+15/+6	+19/+10	+24/+15	+28/+19	+32/+23	—	+37/+28	—	+43/+34	—	+51/+42
10	14	−290/−400	−150/−260	−95/−205	−50/−93	−32/−59	−16/−34	−6/−17	0/−8	0/−11	0/−18	0/−27	0/−43	0/−70	0/−110	0/−180	±5.5	+12/+1	+18/+7	+23/+12	+29/+18	+34/+23	+39/+28	—	+44/+33	—	+51/+40	—	+61/+50
14	18	−290/−400	−150/−260	−95/−205	−50/−93	−32/−59	−16/−34	−6/−17	0/−8	0/−11	0/−18	0/−27	0/−43	0/−70	0/−110	0/−180	±5.5	+12/+1	+18/+7	+23/+12	+29/+18	+34/+23	+39/+28	—	+44/+33	+50/+39	+56/+45	—	+71/+60
18	24	−300/−430	−160/−290	−110/−240	−65/−117	−40/−73	−20/−41	−7/−20	0/−9	0/−13	0/−21	0/−33	0/−52	0/−84	0/−130	0/−210	±6.5	+15/+2	+21/+8	+28/+15	+35/+22	+41/+28	+48/+35	—	+54/+41	+60/+47	+67/+54	+76/+63	+86/+73
24	30	−300/−430	−160/−290	−110/−240	−65/−117	−40/−73	−20/−41	−7/−20	0/−9	0/−13	0/−21	0/−33	0/−52	0/−84	0/−130	0/−210	±6.5	+15/+2	+21/+8	+28/+15	+35/+22	+41/+28	+48/+35	+54/+41	+61/+48	+68/+55	+77/+64	+88/+75	+101/+88
30	40	−310/−470	−170/−330	−120/−280	−80/−142	−50/−89	−25/−50	−9/−25	0/−11	0/−16	0/−25	0/−39	0/−62	0/−100	0/−160	0/−250	±8	+18/+2	+25/+9	+33/+17	+42/+26	+50/+34	+59/+43	+64/+48	+76/+60	+84/+68	+96/+80	+110/+94	+128/+112
40	50	−320/−480	−180/−340	−130/−290	−80/−142	−50/−89	−25/−50	−9/−25	0/−11	0/−16	0/−25	0/−39	0/−62	0/−100	0/−160	0/−250	±8	+18/+2	+25/+9	+33/+17	+42/+26	+50/+34	+59/+43	+70/+54	+86/+70	+97/+81	+113/+97	+130/+114	+152/+136

（续 表）

单位：μm（公差等级 h 及偏差 a～z）

代号		a	b	c	d	e	f	g	h								is	k	m	n	p	r	s	t	u	v	x	y	z
等级		11	11	*11	*9	8	*7	*6	5	*6	*7	8	*9	10	*11	12	6	*6	6	*6	*6	6	*6	6	*6	6	6	6	6
基本尺寸/mm 大于	至																												
50	65	−340/−530	−190/−380	−140/−330	−100/−174	−60/−106	−30/−60	−10/−29	0/−13	0/−19	0/−30	0/−46	0/−74	0/−120	0/−190	0/−300	±9.5	+21/+2	+30/+11	+39/+20	+51/+32	+60/+41	+72/+53	+85/+66	+106/+87	+121/+102	+141/+122	+163/+144	+191/+172
65	80	−360/−550	−200/−390	−150/−340																		+62/+43	+78/+59	+94/+75	+121/+102	+139/+120	+165/+146	+193/+174	+229/+210
80	100	−380/−600	−220/−440	−170/−390	−120/−207	−72/−126	−36/−71	−12/−34	0/−15	0/−22	0/−35	0/−54	0/−87	0/−140	0/−220	0/−350	±11	+25/+3	+35/+13	+45/+23	+59/+37	+73/+51	+93/+71	+113/+91	+146/+124	+168/+146	+200/+178	+236/+214	+280/+258
100	120	−410/−630	−240/−460	−180/−440																		+76/+54	+101/+79	+126/+104	+166/+144	+194/+172	+232/+210	+276/+254	+332/+310
120	140	−460/−710	−260/−510	−200/−450	−145/−245	−85/−148	−43/−83	−14/−39	0/−18	0/−25	0/−40	0/−63	0/−100	0/−160	0/−250	0/−400	±12.5	+28/+3	+40/+15	+52/+27	+68/+43	+88/+63	+117/+92	+147/+122	+195/+170	+227/+202	+273/+248	+325/+300	+390/+365
140	160	−520/−770	−280/−530	−210/−460																		+90/+65	+125/+100	+159/+134	+215/+190	+253/+228	+305/+280	+365/+340	+440/+415
160	180	−580/−830	−310/−560	−230/−480																		+93/+68	+133/+108	+171/+146	+235/+210	+277/+252	+335/+310	+405/+380	+490/+465

（续 表）

单位：μm

基本尺寸/mm 大于	至	a11	b11	c*11	d*9	e8	f*7	g*6	h5	h*6	h*7	h8	h*9	h10	h*11	h12	is6	k*6	m6	n*6	p*6	r6	s*6	t6	u*6	v6	x6	y6	z6
180	200	−660/−950	−340/−630	−240/−530	−170/−285	−100/−172	−50/−96	−15/−44	0/−20	0/−29	0/−46	0/−72	0/−115	0/−185	0/−290	0/−460	±14.5	+33/+4	+46/+17	+60/+31	+79/+50	+106/+77	+151/+122	+195/+166	+265/+236	+313/+284	+379/+350	+454/+425	+549/+520
200	225	−740/−1030	−380/−670	−260/−550	−170/−285	−100/−172	−50/−96	−15/−44	0/−20	0/−29	0/−46	0/−72	0/−115	0/−185	0/−290	0/−460	±14.5	+33/+4	+46/+17	+60/+31	+79/+50	+109/+80	+159/+130	+209/+180	+287/+258	+339/+310	+414/+385	+499/+470	+604/+575
225	250	−820/−1110	−420/−710	−280/−570	−170/−285	−100/−172	−50/−96	−15/−44	0/−20	0/−29	0/−46	0/−72	0/−115	0/−185	0/−290	0/−460	±14.5	+33/+4	+46/+17	+60/+31	+79/+50	+113/+84	+169/+140	+225/+196	+313/+284	+369/+340	+454/+425	+549/+520	+669/+640
250	280	−920/−1240	−480/−800	−300/−620	−190/−320	−110/−191	−56/−108	−17/−49	0/−23	0/−32	0/−52	0/−81	0/−130	0/−210	0/−320	0/−520	±16	+36/+4	+52/+20	+66/+34	+88/+56	+126/+94	+190/+158	+250/+218	+347/+315	+417/+385	+507/+475	+612/+580	+742/+710
280	315	−1050/−1370	−540/−860	−330/−650	−190/−320	−110/−191	−56/−108	−17/−49	0/−23	0/−32	0/−52	0/−81	0/−130	0/−210	0/−320	0/−520	±16	+36/+4	+52/+20	+66/+34	+88/+56	+130/+98	+202/+170	+272/+240	+382/+350	+457/+425	+557/+525	+682/+650	+822/+790
315	355	−1200/−1560	−600/−960	−360/−720	−210/−350	−125/−214	−62/−119	−18/−54	0/−25	0/−36	0/−57	0/−89	0/−140	0/−230	0/−360	0/−570	±18	+40/+4	+57/+21	+73/+37	+98/+62	+144/+108	+226/+190	+304/+268	+426/+390	+511/+475	+626/+590	+766/+730	+936/+900
355	400	−1350/−1710	−680/−1040	−400/−760	−210/−350	−125/−214	−62/−119	−18/−54	0/−25	0/−36	0/−57	0/−89	0/−140	0/−230	0/−360	0/−570	±18	+40/+4	+57/+21	+73/+37	+98/+62	+150/+114	+244/+208	+330/+294	+471/+435	+566/+530	+696/+660	+856/+820	+1036/+1000
400	450	−1500/−1900	−760/−1160	−440/−840	−230/−385	−135/−232	−68/−131	−20/−60	0/−27	0/−40	0/−63	0/−97	0/−155	0/−250	0/−400	0/−630	±20	+45/+5	+63/+23	+80/+40	+108/+68	+166/+126	+272/+232	+370/+330	+530/+490	+635/+595	+780/+740	+960/+920	+1140/+1100
450	500	−1650/−2050	−840/−1240	−480/−880	−230/−385	−135/−232	−68/−131	−20/−60	0/−27	0/−40	0/−63	0/−97	0/−155	0/−250	0/−400	0/−630	±20	+45/+5	+63/+23	+80/+40	+108/+68	+172/+132	+292/+252	+400/+360	+580/+540	+700/+660	+860/+820	+1040/+1000	+1290/+1250

注：带"*"者为优先选用的，其他为常用的。

复习思考题答案

1-1　1. 正投影基本原理和物体三视图及其投影规律；

2. 必须了解并掌握"国家标准"对零、部件的表达方法和绘制图样的规定；

3. 了解并熟悉图样中有关公差与配合、形位公差、表面粗糙度以及常用材料及其表面处理等一般知识；

4. 了解零、部件的加工制造和装配工艺知识。

1-2　见表 1-1。

1-3　有 $A1$、$A2$、$A3$、$A4$ 和 $A5$ 五种幅面；各相邻幅面的面积相差 1 倍；长边是短边的 $\sqrt{2}$ 倍，见表 1-2。

1-4　图形与其实物相应要素的线性尺寸之比；1∶1 称为原值比；2∶1、5∶1 等称为放大比例；1∶2、1∶5 等称为缩小比例；第 6 页。

1-5　见书第 7 页。

1-6　将物体置于观察者和投影面之间，用互相平行并垂直于投影面的投射线进行投影的方法，称为正投影法；直线、平面投影特征见书第 10 及 12—14 页。

1-7　三视图投影规律可概括为"三等"规律：主、俯视图"长对正"；主、左视图"高平齐"；俯、左视图"宽相等"。

1-8　截交线是立体被截平面截切后，在截平面和立体表面所产生的交线；截交线是被截立体和截平面的共有线；随着截平面位置不同截切不同立体所产生的表面截交线形状也各不相同。相贯线是两立体相交在其表面产生的交线；一般情况下，两曲面立体相交，其相贯线为一条封闭的空间曲线，这条曲线是两相交立体的共有线和分界线。

1-9　从左向右再向下依次为(3)、(2)、(5)、(6)、(1)、(4)。

1-10　从左向右再向下依次为(3)、(5)、(1)、(4)、(6)、(2)。

1-11　图 1-64(题 1-11)

(1)

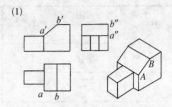

AB 线∥V 面，倾斜于 H 面和 W 面，
AB 线称<u>正平线</u>

(2)

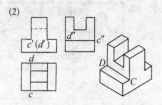

CD 线⊥V 面，∥H 面和 W 面，
CD 线称<u>正垂线</u>

(3)

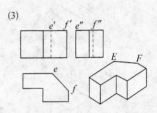

EF 线∥H 面，倾斜于 V 面和 W 面，
EF 线称<u>水平线</u>

(4)

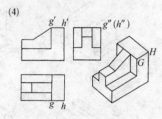

GH⊥W 面，∥V 面和 H 面，
GH 线称<u>侧垂线</u>

(5)

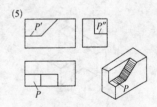

P 面∥H 面，⊥V 面和 W 面，P
面称<u>水平面</u>

(6)

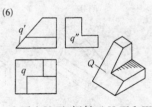

Q 面⊥V 面，倾斜于 H 面和 W
面，Q 面称<u>正垂面</u>

(7)

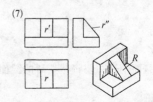

R 面⊥W 面，倾斜于 V 面和 H
面，R 面称<u>侧垂面</u>

(8)

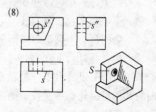

S 面∥V 面，⊥H 面和 W 面，S
面称<u>正平面</u>

1-12

视　图 ＼ 立体图号	A	B	C	D
主视图	2	3	10	1
俯视图	6	4	5	8
左视图	7	12	9	11

1-13

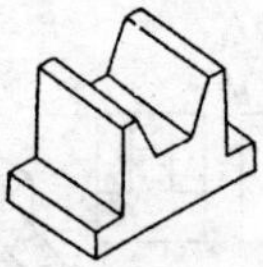

(1) 　　　　　　(2) 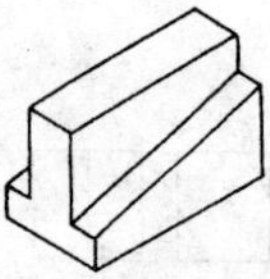　　　　　　(3)

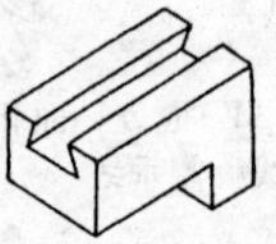

(4) 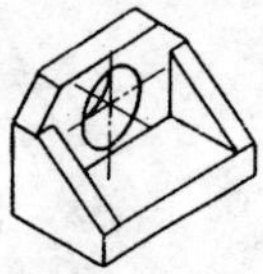　　　　　　(5) 　　　　　　(6)

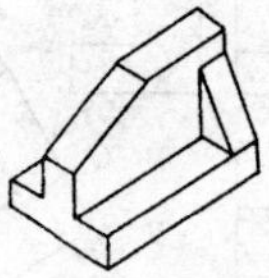

(7) 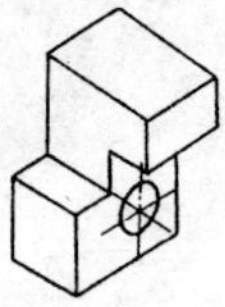　　　　　　(8) 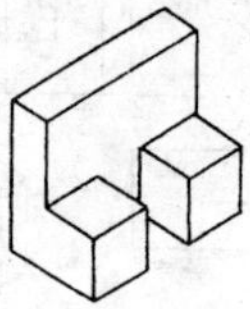　　　　　　(9)

2-1　基本、斜、局部和向。

2-2　6、主、俯、左、右、仰和后。

2-3　主、俯、主、左、俯、左。

2-4　全剖视　半剖视　局部剖视。

2-5　重合、移出、重合、细实、移出、粗实。

2-6　断面图仅画出零件的截断面轮廓,而剖视图要将截切后的截面及其后面的其他可见轮廓一并投影画出。

2-7　分别见书第 65、66 页、第 68 页、第 68、69 页、第 73 页、第 82、83 页。

2 - 8

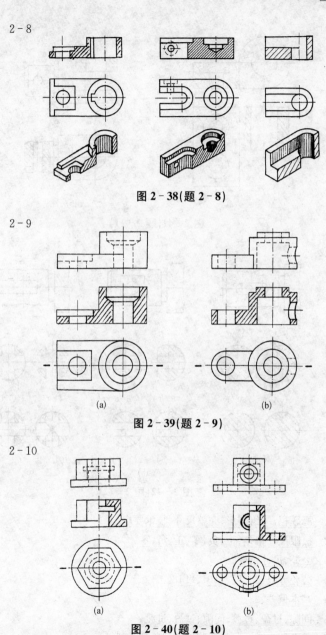

图 2 - 38(题 2 - 8)

2 - 9

(a)   (b)

图 2 - 39(题 2 - 9)

2 - 10

(a)   (b)

图 2 - 40(题 2 - 10)

2-11

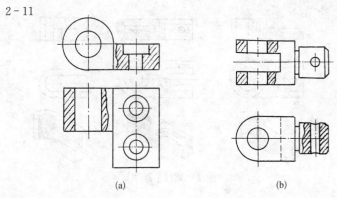

(a)　　　　　　　　　　(b)

图 2-41(题 2-11)

2-12

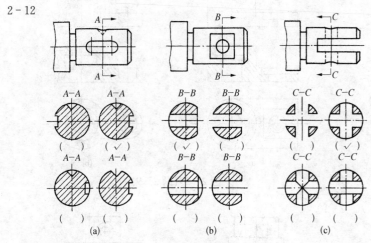

(a)　　　　　　　　(b)　　　　　　(c)

图 2-42(题 2-12)

3-1　标题栏、一组图形、完整尺寸、技术要求。

3-2　极限尺寸偏差、正、负、零、正、负、零。

3-3　公差、尺寸精度。

3-4　公差等级、20、IT、IT01、IT18。

3-5　基本偏差、28。

3-6　间隙、过盈、过渡、间隙、过盈、过渡。

3-7　基孔制、基轴制、基孔制、基孔制、基孔制。

3-8　直线度、平面度、圆度、圆柱度、平行度、垂直度、斜度、位置度、同轴度、对称度。

3-9　R_a、R_z、R_y、R_a。

3-10　大、小、中、公称直径、公称。

3-11　单线、多线、螺距=导程/线数。

3-12　粗牙、细牙、粗、细、左、右、右、左。

3-13　圆柱、圆锥、蜗轮蜗杆、直齿、斜齿、人字齿。

3-14　模数、齿形角、20°。

3-15　(1) 传动轴、1∶1、45 优质碳素钢、4、局部剖视、螺孔和槽深、移出断面、槽深。

(2) 局部剖视、锥销孔、在装配时与另一零件配钻、10。

(3) 槽宽 2、深 0.5、倒角 45°宽 1。

(4) ϕ20k6、ϕ17k6、1.6、12.5。

(5) +0.012、+0.001、17.012、17.001、0.011。

(6) 0、−0.013、25、24.987、0.013。

(7) 公称直径为 8 mm 的普通粗牙右旋螺纹、中径和小径公差节代号均为 7H、中等旋合长度。

(8) 25、$8^{+0.036}_{0}$、$21^{0}_{-0.1}$、3。

(9) ϕ35 右端面、轴线。

(10) ϕ17k6 轴线对 ϕ20k6 轴线基准 C 的同轴度公差为 ϕ0.01。

(11) ϕ35 右端面对基准 C 的垂直度公差为 0.02。

(12) ϕ20k6 圆柱表面圆度公差为 0.05。

(13) 槽 $8^{+0.036}_{0}$ 对基准 C 的对称度公差为 0.01。

3-16　(1) 泵体、1∶2、HT200。

(2) 3、前后对称平面、局部、M6 穿孔、ϕ9。

(3) 左端面、对称中心、底面。

(4) 2、2、宽度、50、16、40。

(5) 非螺纹密封的管螺纹，公称直径为 3/8 英寸。

(6) ϕ30H8、0.033、1.6。

(7) ⌷。

(8) ϕ35H11 ($^{+0.16}_{0}$) 轴线对 ϕ30H8 ($^{+0.033}_{0}$) 基准轴线 A 的同轴度公差为 0.01。

(9) ϕ30H8($^{+0.033}_{0}$)圆柱面圆柱度公差为 0.02。

(10) 底面对基准轴线 A 的平行度公差为 0.01。

(11) 底面平面度公差为 0.05。

(12) 未注圆角为 $R2\sim R3$。

3-17　(1) 托架、HT150、1∶2、1。

(2) 4、主视图、俯视图、断面图、B 向视图、2、局部。

(3) ϕ35H8、6.3、ϕ35、+0.039、0、0.039、4。

(4) 70、90、移出断面、30、8、2。

(5) ✓。

(6) ϕ35H8 轴线、A、垂直度、ϕ0.15、圆柱面。

(7) ϕ35H8 下底面、A、平行度、0.05。

(8) ϕ35H8 内孔表面、A、径向圆跳动、0.01。

(9) ϕ35H8 内孔轴线、前后对称中心平面、以 A 为基准的上表面。

3-18　(1) 减速箱体、1∶5、HT200、1。

(2) 5、2、局部、俯视、左视、1、局部放大图、2∶1、C 向局部视图。

(3) ϕ77H7 轴线、前后对称中心平面、上顶面、335、150、130$^{0}_{-0.4}$。

(4) 1.6、储存润滑油、6、5、12.5、ϕ67H7、ϕ77H7、0.030、0、0.030、+0.030、0、0.030、1.6、存油、6、33、2、4、三角、长方。

(5) 6、ϕ11、ϕ25、8、5、29、ϕ75、ϕ88。

(6) 2、ϕ8、1.6、45、120、75。

(7) 搬运提吊、减少接触面积安装平稳、245、54、5、4、ϕ18、ϕ36、6.3、2 个管螺纹孔公称直径为 1/2 英寸、放油螺塞、8。

(8) 未注明铸造圆角为 R3、箱体不得有漏油现象、✓。

4-1　见书第179 页、第179 页、第180 页。

4-2　见书第182、183 页、第185 页。

4-3　见书第185、186 页、第186 页、第186 页。

4-4　见书第187、189 页。

4-5　(1) 螺旋千斤顶、7、2、5、4、通过对称平面的剖切面、全、螺杆带动顶垫上升位置、特殊假想、A-A 全、顶垫、C 向局部、螺杆、B-B 断面、2、内孔、2交叉的直线、局部。

(2) 135×135、225、螺杆能上升到的最高位置。

(3) 铰杠、45 优质碳素钢、缩短的规定简化。

（4）底座内孔、螺套外径、ϕ65、H9、h8、孔、间隙。

（5）螺纹旋转、梯形螺纹公称直径 50 导程 14 螺距 7。

（6）螺钉、防止螺套旋转、12。

（7）顶举高度为 50 mm 顶举力为 10 000N、螺杆与底座的垂直度允差不大于 0.1 mm、螺钉（件 7）之螺钉孔在装配时加工。